国家重点研发计划“政府间国际创新合作”重点专项项目（2022YFE0127700）
国家自然科学基金面上项目（42271389）
中国矿业大学（北京）中央高校基本科研业务费专项资金项目（2023ZKPYDC11）
国家自然科学青年基金项目（41701534）
煤炭资源与安全开采国家重点实验室开放课题资助项目（SKLCRSM19KFA01）
中国矿业大学（北京）中央高校基本科研业务费专项资金项目（2022YQDC12）
自然资源部海洋生态监测与修复技术重点实验室开放基金资助课题（MEMRT02207）
中国矿业大学（北京）大学生创新创业训练项目（C202302008）

无人机载线阵列高光谱影像数据拼接技术及应用

易俐娜　张桂峰　许志华　著

東北林業大學出版社
Northeast Forestry University Press
·哈尔滨·

图书在版编目（CIP）数据

无人机载线阵列高光谱影像数据拼接技术及应用 / 易俐娜，张桂峰，许志华著 . — 哈尔滨：东北林业大学出版社，2024.1

ISBN 978-7-5674-3398-4

Ⅰ . ①无… Ⅱ . ①易… ②张… ③许… Ⅲ . ①无人驾驶飞机—遥感图像—图像处理 Ⅳ . ① TP751

中国国家版本馆 CIP 数据核字 (2024) 第 013635 号

无人机载线阵列高光谱影像数据拼接技术及应用
WURENJIZAI XIANZHENLIE GAOGUANGPU YINGXIANG SHUJU PINJIE JISHU JI YINGYONG

责任编辑：潘　琦
封面设计：乔鑫鑫
出版发行：东北林业大学出版社
（哈尔滨市香坊区哈平六道街 6 号　邮编：150040）
印　　装：北京四海锦诚印刷技术有限公司
开　　本：787 mm × 1092 mm　1/16
印　　张：8.75
字　　数：152 千字
版　　次：2024 年 1 月第 1 版
印　　次：2024 年 1 月第 1 次印刷
书　　号：ISBN 978-7-5674-3398-4
定　　价：52.00 元

如发现印装质量问题，请与出版社联系调换。（电话：0451-82113296　82191620）

前　　言

轻小型、低成本无人机载光谱成像仪的快速发展为水质监测、精准农业提供了新的手段。ZK-VNIR-FPG480 是线阵列推扫式机载高光谱成像仪，本专著针对该种成像仪获取的影像进行航带拼接研究，以获得具有高几何定位精度和高光谱保真性的高光谱影像。

在该技术中，首先，利用曲面样条函数法、基于导航数据或二者结合的方法对影像进行几何校正；其次，采用基于边缘块剔除的局部方差法计算各波段信噪比，取分值最高的波段作为最优波段；再次，利用该最优波段采用 SIFT 算法或改进的相位相关法来纠正航带间已经存在的地理空间映射关系；最后，选用加权平均融合法或最佳缝合线融合法对相邻航带进行融合，得到带有绝对地理坐标的高光谱全景图。对拼接结果从光谱保真性和几何精度两方面进行评价，其光谱保真性和几何精度高，证明了拼接方案的可行性与可靠性。

本专著还通过将该无人机高光谱拼接技术用于河道水质反演和红树林种间分类项目以获得较好的实验结果证明：将无人机和线阵列推扫式高光谱成像仪集成应用能获得不同研究区高质量的高光谱数据，其应用前景广阔，在环境遥感领域具有很好的应用。

虽然本专著提出的技术已经获得国家发明专利，并实现成果转化，但是因作者知识水平有限，本专著所提出的无人机高光谱影像拼接技术还未完全实现自动化，需进一步研究和开发相对应的数据处理系统。

本专著由中国矿业大学（北京）易俐娜，中国科学院空天信息创新研究院、中国科学院大学张桂峰和中国矿业大学（北京）许志华三位著者共同完成，其中易俐娜撰写第一、二章，以及第三章的第一、二节，合计 101 千字符，张桂峰撰写第三章的第三、四节，以及第五章，合计占 25 千字符，许志华撰写第四章，合计 26 千字符。

本专著能给致力于将无人机高光谱影像用于各行各业的专业人士提供数据处理的借鉴和参考，为推动其技术进步和应用提供基础动力。

作者

2023 年 11 月

目　录

第一章　无人机系统概述

第一节　无人机系统及其分类

一、无人机系统

无人机全称“无人驾驶飞行器”（Unmanned Aerial Vehicle），英文缩写为“UAV”，是利用无线电遥控设备和自备的程序控制装置操纵的不载人飞机。它涉及传感器技术、通信技术、信息处理技术、智能控制技术及航空动力推进技术等，是信息时代技术含量高的产物。随着无人机研发技术逐渐成熟，制造成本大幅度降低，无人机在各个领域得到了广泛应用。在军事领域，无人机可以参与侦察、搜索、反恐等军事任务；在民用领域，无人机可以用于农业植保、电力巡检、警用执法、地质勘探、环境监测、森林防火以及影视航拍等，且其适用领域还在迅速拓展，如在商业领域无人机可以用来进行快递服务、飞行表演等商业服务。

二、无人机分类

无人机系统种类繁多、用途广、特点鲜明，致使其在尺寸、质量、航程、航时、飞行高度、飞行速度、任务等多方面都有较大差异。由于无人机的多样性，出于不同的考量会有不同的分类方法。根据应用场景、飞行平台、控制方式、视距、质量尺度、任务高度、活动半径等，可以对无人机进行不同分类。

无人机按飞行平台构型可分为固定翼无人机、旋翼无人机、无人飞艇、伞翼无人机、扑翼无人机等。固定翼无人机是指无人机的机翼位置、后掠角等参数固定不变的无人机。旋翼无人机操控性强，可垂直起降和悬停，主要适用于低空、低速、有垂直起降和悬停要求的任务类型。无人飞艇是一种由发动机驱动的，轻于空气的，可以操纵的航空器。无人飞艇在现代空中勘测、摄影、广告、救生及航空运动中得到了广泛的应用。伞翼无人机是指以柔性伞翼提供升力重于空气的无人机。扑翼无人机是指像鸟一样通过机翼主动运动产生升力和前行力的飞行器，又称振翼机。

无人机按用途可分为军用无人机和民用无人机。军用无人机可分为侦察无人机、诱饵无人机、电子对抗无人机、通信中继无人机、无人战斗机以及靶机等。民用无人机可分为巡查监视无人机、农用无人机、气象无人机、勘探无人机以及测绘无人机等。

无人机按尺度可分为微型无人机、轻型无人机、小型无人机以及大型无人机。小型无人机是指空机质量大于 116 kg、小于等于 5 700 kg 的无人机。大型无人机是指空机质量大于 5 700 kg 的无人机。中国民用航空局将无人机按质量 1.5 kg、7 kg、25 kg、150 kg、5 700 kg，划分为Ⅰ、Ⅱ、Ⅲ、Ⅳ、Ⅺ、Ⅻ六类（表 1-1）。根据 2019 年中国民用航空局发布的《轻小无人机运行规定》的定义，轻小型无人机是指总起飞质量不超过 25 kg 的无人机。

无人机按活动半径可分为超近程无人机、近程无人机、短程无人机、中程无人机和远程无人机。超近程无人机的活动半径在 15 km 以内；近程无人机的活动半径为 15 ~ 50 km；短程无人机的活动半径为 50 ~ 200 km；中程无人机的活动半径为 200 ~ 800 km；远程无人机活动的半径大于 800 km。

无人机按飞行高度可以分为超低空无人机、低空无人机、中空无人机、高空无人机和超高空无人机。超低空无人机任务高度一般在 0 ~ 100 m；低空无人机任务高度一般为 100 ~ 1 000 m；中空无人机任务高度一般为 1 000 ~ 7 000 m；高空无人机任务高度一般为 7 000 ~ 18 000 m；超高空无人机任务高度一般大于 18 000 m。

表 1-1　无人机按质量分类

分类	空机质量（W）/ kg	起飞全重（W）/ kg
Ⅰ	$0 < W \leqslant 1.5$	
Ⅱ	$1.5 < W \leqslant 4$	$1.5 < W \leqslant 7$
Ⅲ	$4 < W \leqslant 15$	$7 < W \leqslant 25$
Ⅳ	$15 < W \leqslant 116$	$25 < W \leqslant 150$
Ⅴ	植保类无人机	
Ⅵ	无人飞艇	
Ⅶ	超视距运行的Ⅰ、Ⅱ类无人机	
Ⅺ	$116 < W \leqslant 5700$	$150 < W \leqslant 5700$
Ⅻ	$W > 5700$	

第二节　无人机系统技术发展现状及缘起

无人机系统由飞机平台系统、信息采集系统和地面控制系统组成。最初的一代无人机主要以侦察机为主，一些无人机已经装备了武器（例如RQ-1捕食者装备、AGM-114地狱火空对地导弹）。由无人机担任更多角色的军事预想，最初的功能是轰炸、对地攻击、空对空战斗。装备有武器的无人机被称为无人战斗机飞机（UCAV）。

新一代的无人机能从多种平台上发射和回收，例如从地面车辆、舰船、航空器、亚轨道飞行器和卫星进行发射和回收。地面操纵员可以通过计算机检验无人机的程序并根据需要改变无人机的航向。而其他一些更先进的技术装备、如高级窃听装置、穿透树叶的雷达，提供化学能力的微型分光计设备等，也将被安装到无人机上。

一、无人机系统技术发展现状

无人机可以在无人驾驶的条件下完成复杂的空中飞行任务和各种负载任务，可以被看作“空中机器人”。轻小型无人机的应用范围较广，可以用于消防、救援、气象探测、环境监测、电力巡检、农业植保等多种场景。然而，由于无人机的飞行是基于遥控的，操作人员并不亲身在现场观察，因此负责飞行的人员必须具备一定的专业知识和技能。为实现在空中能精确完成各项任务，无人机系统的技术难题在近年来不断得到突破，主要分析如下。

（一）飞行控制系统使无人机的“驾驶员”更精确、更清晰

飞行控制系统是无人机完成起飞、空中飞行、执行任务和返场回收等整个飞行过程的核心系统，飞行控制系统对于无人机相当于驾驶员对于有人机的作用，是无人机最核心的系统之一。飞行控制系统一般包括传感器、机载计算机和伺服动作设备三大部分，实现的功能主要有无人机姿态稳定和控制、无人机任务设备管理和应急控制三大类。

其中，机身大量装配的各种传感器（包括角速率、姿态、位置、加速度、高度和空速等）是操作系统的基础，是保证飞机控制精度的关键，不同飞行环境下、不同用途的无人机对传感器的配置要求也不同。为满足无人机态势感知、战场上识别敌我、防区外交战能力等方面的需求，要求无人机传感器具有更高的探测精度、更高的分辨率，因此国外无人机传感器中大量应用了超光谱成像、合成孔径

雷达、超高频穿透等新技术。

（二）导航系统是无人机的“眼睛”，多技术结合是未来方向

导航系统向无人机提供参考坐标系的位置、速度、飞行姿态，引导无人机按照指定航线飞行，相当于有人机系统中的领航员。无人机载导航系统主要分为非自主（GPS 等）和自主（惯性制导）两种，但分别有易受干扰和误差积累增大的缺点，而未来无人机的发展要求具备障碍回避、物资或武器投放、自动进场着陆等功能，需要高精度、高可靠性、高抗干扰性能，因此多种导航技术结合的“惯性 + 多传感器 + GPS + 光电导航系统”将是未来发展的方向。

（三）动力系统——涡轮有望逐步取代活塞，新能源发动机提升续航能力

不同用途的无人机对动力装置的要求不同，但都希望发动机体积小、成本低、工作可靠。无人机目前广泛采用的动力装置为活塞式发动机，但活塞式发动机只适用于低速低空飞行的小型无人机；对于一次性使用的靶机、自杀式无人机或导弹，要求推重比高但寿命可以短（1 ~ 2 h），一般使用涡喷式发动机；低空无人直升机一般使用涡轴发动机，高空长航时的大型无人机一般使用涡扇发动机；消费级微型无人机（多旋翼）一般使用电池驱动的电动机，起飞质量不到 100 g、续航时间小于 1 h。我们认为随着涡轮发动机推重比及寿命不断提高、油耗降低，涡轮将取代活塞成为无人机的主力动力，太阳能、氢能等新能源电动机也有望为小型无人机提供更持久的生存力。

（四）数据链是“放风筝的线”——从独立专用系统向全球信息格栅（GIG）过渡

数据链传输系统是无人机的重要技术组成，负责完成对无人机的遥控、遥测、跟踪定位和传感器传输，上行数据链实现对无人机遥控，下行数据链执行遥测、数据传输功能。普通无人机大多采用定制视距数据链，而中高空、长航时无人机则会采用视距和超视距卫通数据链。现代数据链技术的发展推动无人机数据链向着高速、宽带、保密、抗干扰的方向发展，无人机实用化能力将越来越强。随着机载传感器、定位的精细程度和执行任务的复杂程度不断上升，对数据链的带宽提出了很高的要求，未来随着机载高速处理器的突飞猛进，预计几年后现有射频数据链的传输速率将翻倍，未来在全天候要求低的领域可能还将出现激光通信方式。从美国制定的无人机通信网络发展战略上看，数据链系统从最初 IP 化的传输、多机互联网络，正在向卫星网络转换传输，以及最终的完全全球信息格栅（GIG）配置过渡，为授权用户提供无缝全球信息资源交互能力，既支持固定用户，又支

持移动用户。

二、无人机系统发展缘起

在过去几十年，无人机系统技术的突破使得其应用愈发广泛，其主要发展历程分析如下。

（一）军用技术溢出、成本下降

战争是无人机发展的头号牵引力，20 世纪末经历三大技术发展浪潮。毫无疑问，无人机发展的初期是为了纯粹的军事用途：第一次世界大战时期，英国研制的世界第一款无人机被定义为“会飞的炸弹”，第二次世界大战时期，德军已经开始大量应用无人驾驶轰炸机参战；第二次世界大战后，无人机研发中心出现在美国和以色列，用途延伸至战地侦察和情报搜集，无人机被派往朝鲜、越南和海湾战场协助美军和以色列军队作战。正是由于无人机在侦察方面具有低成本、控制灵活、持续时间长的天然优势，各国军队相继投入大量经费研发无人机系统。

无人机技术在20 世纪末经历了三次发展浪潮，真正进入第一个“黄金时代”：1990 年后，全球共有 30 多个国家装备大型战术无人机系统，代表机型有美国“猎人”“先驱者”，以色列“侦察兵”“先锋”等；1993 年后，中高空长航时军用无人机得到迅速发展，以美国“蒂尔”无人机发展计划为代表，在波黑战争中大放异彩；20 世纪末，旅团级（中小型）固定翼和旋翼战术无人机系统出现，其体积小、价格低、机动性好，标志着无人机进入大规模应用时代。

早期的航空技术解决的是无人机能够飞行的问题，而 20 世纪 80 年代以来现代技术的发展为无人机更高的飞行性能、更好的可靠性提供了条件。首先，无人机向智能化方向发展：自主飞行控制技术、急剧攀升的计算机处理能力推动无人机向智能化发展，真正成为“会思考”的空中机器人。另外，无人机数据链向着高速带宽发展：高速宽带网数据链实现无人机组网的互相联通，使无人机编组、空地装备联合成为可能。而随着更轻的材料和传感器的出现，材料科学和微机电技术进一步减轻了无人机平台质量、提高了精确度，随着电池续航能力的大幅上升，新能源技术赋予无人机更强的续航能力。

（二）技术向民用无人机外溢，无人机产业化进入普及时代

由于军用无人机在“3D”（DULL、DIRTY、DANGEROUS）环境下执行任务的显著优势以及灵活机动的特性，民用各行各业对无人机的应用也翘首以盼。但相比军用无人机近百年的发展历史，民用无人机在 20 世纪 80 年代军用无人机的现代系统得到大发展的基础上才开始发展。

日本的民用无人机开发较早，早在1983年雅马哈公司采用摩托车发动机，开发了一种用于喷洒农药的无人直升机，1989年其成为首架成功用于试飞的无人直升机；2002年CERP公司发明一款JAXA多用途民用无人机；2003年开始，耗时3年，岐阜工业协会先后开发了4代无人机产品，主要应用于森林防火、地震灾害评估等领域。2003年美国NASA成立世界级无人机应用中心，专门研究装有高分辨率相机传感器的无人机商业应用。近年来，美国国家海洋和大气管理局用无人机追踪热带风暴有关数据，借此完善飓风预警模型。2007年森林大火肆虐时，美国宇航局使用“伊哈纳”（Ikhana）无人机来评估大火严重程度以及灾害损失。2011年墨西哥湾钻井平台爆炸后，艾伦实验室公司的无人机协助溢油监测和溢油处理等。以色列也专门组建了一个民用无人机及其工作模式的试验委员会，2008年给予“苍鹭”无人机非军事任务执行证书，并与有关部门合作展开多种民用任务的试验飞行。欧洲在2006年制定并即刻实施的“民用无人机发展路线图”，之后欧盟筹建一个泛欧民用无人机协调组织，为解决最关键的空中安全和适航问题提供帮助。

中国的无人机技术发展及应用起步早，近年发展较快。20世纪80年代，我国就将自行开发的无人机在地图测绘和地质勘探中做了尝试。随后，专为民用研制“黔中一号”无人机在2010年顺利首飞，2011年国产“蜜蜂”28无人机，可全自主起飞、着陆、悬停和航路规划，能应用于农业喷洒、电力巡检、防灾应急、航拍测绘、中继通信等方面。对于民用领域，无人机仅仅是一个飞行平台，其功能要通过机载系统中的任务载荷设备来完成。和ToB端各行各业无人机领域快速发展相比，ToC消费端航拍、娱乐等市场，受益于无人机各方面技术的成熟和成本的大幅下降，可谓是爆发式发展。深圳大疆成立于2006年，2010年仅几百万收入，2013年收入高达8亿元，2014年收入就已近30亿元。

（三）硬件产业链成熟、成本下降为民用和消费无人机爆发创造条件

民用和消费级无人机市场的兴起，和硬件产业链的成熟、成本曲线不断下降密不可分。随着移动终端的兴起，芯片、电池、惯性传感器、通信芯片等产业链迅速成熟，成本下降，使智能化进程得以迅速向更小型化、低功耗的设备迈进。这也给无人机整体硬件的迅速创新和成本下降创造了良好条件。

1. 芯片

目前一个高性能FPGA芯片就可以在无人机上实现双CPU的功能，以满足导航传感器的信息融合，实现无人机的最优控制。

2. 惯性传感器

伴随着苹果在 iPhone 上大量应用加速计、陀螺仪、地磁传感器等，MEMS 惯性传感器从 2011 年开始大规模兴起，六轴、九轴的惯性传感器也逐渐取代了单个传感器，成本和功耗进一步降低，成本仅在几美元。另外 GPS 芯片的质量仅 0.3 g，价格不到 5 美元。

3.Wi-Fi 等无线通信

Wi-Fi 等通信芯片用于控制和传输图像信息，通信传输速度和质量已经可以充分满足几百米的传输需求。

4. 电池

电池能量密度不断增加，使得无人机在保持较轻的质量下，续航时间能有 25 ~ 30 min，达到可以满足一些基本应用的程度，此外，太阳能电池技术使得高海拔无人机可持续飞行一周甚至更长时间。

5. 相机等

近年来移动终端同样促进了锂电池、高像素摄像头性能的急剧提升和成本下降。

（四）飞行控制系统开源，无人机飞入寻常百姓家

如果说硬件成本下降解决了无人机“身体”的问题，近年来飞控系统开源化的趋势解决了无人机“大脑”的问题，从此无人机不再是军用和科研机构的专利，全世界的商业企业和发烧友都加入了无人机系统设计的大潮中，促进了民用和消费无人机市场。

德国 MK 公司是多旋翼无人机系统开源的鼻祖，其后 2011 年美国 APM 公司开放无人机设计平台彻底点燃了市场对无人机系统开发的热情，2012 年以后民用和消费无人机进入了加速上行的通道。至今，国际无人机行业已经形成了 APM（用户最多）、德国 MK（最早的开源系统）、Paparazzi（稳定性高、扩展性强）、PX4 和 MWC（兼容性强）五大无人机开源平台。以 PPZ（Paparazzi）为例，始于 2003 年的 PPZ 是一个软硬件全开源的系统，其开源系统不仅覆盖传感器、GPS、自动驾驶软件，同时覆盖地面设备的全套成熟解决方案，既可以驱动固定翼飞机，也可以驱动旋翼机，并且可以通过地面控制软件实时监控飞机飞行的卫星地图。可以说，强大的开源飞行控制系统已经使得无人机全面进入“用户友好”时代。2014 年 10 月，著名计算机开源系统公司 Linux 推出了名为“Dronecode”的无人机开源系统合作项目，将 3D Robotics、英特尔、高通、百

度等科技巨头纳入项目组，旨在为无人机开发者提供所需要的资源、工具和技术支持，加快无人机和机器人领域的发展。根据 Teal 航空市场调研公司的报告，Dronecode 项目使其后十年世界无人机研发、测试和评估等活动的总值达到 910 亿美元。Dronecode 开发界面囊括了无人越野车、无人固定翼飞机、无人直升机和各种多轴旋翼无人机等，吸收了 APM、PX4 等多个平台，进一步推动了系统开发的可视化和友好化。

第三节　无人机全球市场概述

民用无人机发展的两个瓶颈是空域资源和安全问题，随着这两个问题逐步得到解决，人类利用无人机征服空域的想象空间已逐渐打开，全球民用无人机市场呈现出爆发式的增长。

民用无人机下游需求非常广泛，包括农业、电力石油、检灾、林业、气象、国土资源、警用、海洋水利、测绘、城市规划等多个行业。近年来，无人机在民用市场的应用受到越来越多的关注，如农林植保和电力巡线两个领域，无人机需求较为迫切，且具备较大的市场规模。其他行业的潜在需求也将逐步显现，我国民用无人机市场空间巨大。

一、农业应用

日本植保无人机已经使用多年，目前每年更新量约为 3 000 架。按照中日年农药使用量进行测算，中国如果达到日本目前植保无人机的普及率和使用频次，年更新量约为 30 000 架，植保无人机价格按 50 万元 / 架测算，年市场规模可达 150 亿元。

二、电力巡检

2009 年 1 月，国家电网正式立项研制无人直升机巡检系统。

2013 年 3 月，国家电网出台《国家电网公司输电线路直升机、无人机和人工协同巡检模式试点工作方案》。该方案指出，建立直升机、无人机和人工巡检相互协同的新型巡检模式是坚强智能电网发展的迫切需要，目前公司系统直升机巡检作业正在逐步向规范化、制度化方向发展，为此公司选定山东、冀北、山西、湖北、四川、重庆、浙江、福建、辽宁、青海十个检修公司作为试点单位，利用 2 ~ 3 年时间开展新型巡检模式试点工作。到 2015 年，国网公司系统已全面推广直升机、无人机和人工巡检相互协同的输电线路新型巡检模式。

2014 年 6 月，中国电力企业联合会标准化中心对外发布名为《架空输电线路无人机巡检作业技术导则》的电力行业标准草案，公开征求意见。

我国 110 kV 以上高压输电线约为 52 km，按每年巡检次数 30 次测算，则每年总巡检长度约为 1 560 万 km。无人机每小时巡检 20 km，单机年飞行时间按 150 h 计算，全国需要 5 200 架。按每架 20 万人民币计算，则年市场空间约 10.4 亿元。

三、森林防火

我国拥有森林面积 1.75 亿 hm^2，森林蓄积量为 124.56 亿 m^3，森林覆盖率为 18.21%，既是森林资源大国，又是森林火灾多发国家。

目前，国外森林防火中应用了较多的新技术和新设备，国内在此方面的应用需求也日益增加，对森林保护的投入逐渐加大，先后运用卫星进行资源普查、森林火场监视，而使用无人机系统对森林火情监测还处于初始阶段。

四、防灾检灾

2008 年汶川地震引发了大量崩塌、滑坡、泥石流、堰塞湖等次生地质灾害，导致灾区大部分国道、省道、乡村道路严重破坏，给救灾工作造成难以想象的困难。由于天气因素的影响，卫星遥感系统或载人航空遥感系统难以及时获取灾区的实时地面影像。地震发生后，多种型号的无人机航空遥感系统迅速进入灾区，在灾情调查、滑坡动态监测、房屋与道路损害情况评估、救灾效果评价、灾区恢复重建等方面得到广泛使用，取得了很好的效果，起到了其他手段无法替代的作用。无人机航空遥感系统第一次大规模用于应急救灾就取得了成功。

在 2013 年雅安地震搜救过程中，国家地震灾害紧急救援队使用旋翼无人机对灾区地形地貌、受损情况进行空中排查，为国家地震灾害紧急救援队的搜救工作提供了参考和依据。该无人机由国家地震灾害紧急救援队与中国科学院沈阳自动化研究所联合研制，并在地震搜救过程中应用，探测精度达到 0.1 m，可在 200 m 低空连续飞行 100 km。

我国自然灾害发生频繁，每年灾害造成的损失巨大。灾害发生时，为了提高救灾效率和质量，必须提供及时准确的灾害信息。常规灾害监测方法周期长、成本高，难以满足救灾应急的需要。无人机航空遥感系统作为卫星遥感和载人航空遥感的补充手段，具有实时性强、灵活方便、外界环境影响小、成本低的优点，其在灾害应急救援方面具有广阔的发展空间和应用前景。

五、消费级无人机市场应用

全球无人机市场逐渐受到广泛关注，大疆创新产品走向前台，国内极飞科技、零度智控以及国外 3D Robotics 等无人机公司产品和融资动作不断。

大疆创新是全球领先的小型无人机厂商，占据了全球民用小型无人机约 50% 的市场份额，公司 80% 的产品都是销往国外。被硅谷认为能与苹果比较的隐形的世界级无人机公司。该公司成立于 2006 年，最初从安装在无人机上的控制器切入，进而发现无人飞行器航拍的市场接入点，转做整机和稳定的飞行平台，以及高清数字视屏传输模块，再到如今致力于提供完整飞行影像策略。短短几年间成长极快，2013 年收入规模达到 8 亿元，被美国《时代》杂志评为 2014 年度十大创新工具全球第三。

大疆创新的 DJI 无人机被广泛运用于航拍，并且很受专业及业余级摄影师们的喜欢。其产品线涵盖中端价位的 Phantom（大精灵）以及高端市场绝对王者的 Inspire（“悟”）系列。众多热播电视节目及热门电视剧中的航拍镜头都应用了无人机的航拍功能。同时无人机的航拍功能也被用户用来全景扫描各种自然景观和名胜古迹等。

除了大疆创新外，近年来国内外科技公司对无人机关注热度也迅速升温，无人机不仅仅是航拍的“玩具”，更是颠覆未来的机器人。亚马逊的 PrimeAir 人机物流计划已进入第 9 代的研发；Google 收购无人机公司 TitanAerospace 提供网络覆盖；Facebook 也以 2 000 万美元收购英国无人机公司 Ascenta；3D Robotics 无人机已获由其领投的 5 000 万美金投资；Matternet 建造无人机网络向全球的偏远农村运送食品和医疗用品。

国内无人机市场也逐渐兴起，有大疆科技、零度智控、极飞科技、一电科技、亿航无人机、天翔无人机等具有代表性的企业。2015 年 1 月 20 日雷柏科技与零度智控共同设立合资公司研发无人机，双方于 2015 年 2 月 1 日发布 ZERO 消费级四旋翼无人机系列产品，在深圳零度官网及部分电商平台开始预售，价格 3 199 元起。

目前无人机主要应用于航拍等各行业应用，包括边防、农业等，例如大疆创新主要用于航拍，极飞科技用于各大行业应用。另外，无人机在搜救、防盗等安全监控等领域的应用也在逐渐增多。无人机用于物流的尝试也越来越多，亚马逊研发多年，国内快递业也开始试水。

Google 热气球 Project Loon 在全球打造一个平流层气球网络，然后又收购了

Titan Aerospace，以提供太阳能动力的无人机，这两个都可以随时随地提供低成本的、覆盖整个星球的互联网接入。

NASA 也在开发无人机“低空交通管理系统”，于 2015 年将其用于农业。无人机生产商 Skycatch，主要做建造业、矿业、太阳能行业以及农业的数据采集，此前已经获得了 1 320 万美元融资。其他创新应用包括用蜜蜂大小的无人机对花朵进行授粉等。

GoPro 也加入了“小型无人机联盟”，并已经为多款无人机推出了视频摄像设备，GoPro 也宣布将进入消费级无人机领域，并正式推出第一款多马达驱动无人机，定价将于 500 ~ 1000 美元。大疆创新也开始采用自主研发生产的摄像头。无人机与运动相机的结合，将是无人机在运动健康等个性化航拍领域的重要应用，例如 STELLA 推出的专为 GoPro Hero 3 系列相机设计的稳定云台。

无人机配合 Oculus Rift 使用，可以获得虚拟现实、增强现实的体验。例如 Parrot 推出无线控制配件 Skycontroller，用 HDMI 接口连上 Oculus Rift，能直接操控无人机的飞行，用上下左右按键控制无人机的运行轨迹。借助“连接”方式，把人的感知带到另一个真实空间。无人机还能应用在隧道、峡谷与水下等场景的拍摄，探险者可以不必身处其中，就能收获真实的感官体验。更重要的是，无人机不需要耗费人力物力去建模、创建一个虚拟世界，任何一个地点都能成为新的游乐场。

六、未来，无人机能为我们做些什么？

除了我们已经熟知的军事、商用和消费功能外，能够“上天入地”的无人机未来可能给我们的生活带来无限的惊喜。距离 300 m 的高空没有地面的拥挤和各种限制，未来无人机不仅能够扮演超级速递员和超级警察的角色，还能够为地面提供低成本、机动程度极高的无线网络覆盖。把无人机想象成一个“会飞的传感器”，无人机就成了工业 4.0 的一个空中数据端口，大至地球物理、气象、农业数据，小至个人位置等信息。

（一）工业 4.0 的空中数据端口

我们认为，作为一个“会飞的传感器”，无人机未来在民用领域最具想象空间的应用可能是作为空中的数据端口，为连接全球的工业 4.0“大数据”系统提供更精确、更强大的数据流。

从无人机最普通的巡检功能说起，使用无人机在全国范围内来巡视农田，可以比卫星图像更清晰地观测到农作物长势、自然灾害、土壤变化等情况，无人机通过数据链接入全球互联网，可以将收集的数据实时传输给大宗商品分析师，用以判断全球农作物期货市场走势；在精准的农业管理系统中，小型无人机可以用来观测作物是否缺水，将信息反馈给灌溉系统以调节水量。

从个人信息数据的获取来说，无人机可以模拟 Wi-Fi 热点，嗅探移动设备的 MAC 地址，并根据信号的强度等对设备进行三角定位，搜集的信息汇总起来则可以绘制出用户的运动地图，呈现出他通常会路过的街区、商店等，进而有条件地对用户进行筛选，比如向“过其门而不入”的潜在消费者推送优惠促销信息。通过对个人运动轨迹的跟踪，可以更全面地把握人群的生活习惯，为厂商提供更精确的参考数据。此外，在紧急情况下，也可以通过定位移动设备来拯救生命。无人机通过受困者手机 Wi-Fi 信号来判断受困者的位置。

这项技术和商场、超市中常用的室内移动设备定位技术如 iBeacon 有些许类似的地方，均可以在用户经过时向其推送促销信息等。不同之处在于无人机更加灵活，可以在更加复杂的地理条件下对用户进行定位。

（二）提供灵活机动、低成本的 Wi-Fi 网络接入

在全球有将近四十亿的人口仍未接通互联网，如何解决互联网接入问题，如 Wi-Fi 的网络部署，已成为人类待解决难题之一。无人机的能耗较低、飞行时间较长，可以为更大范围内的用户提供互联网接入服务。同时无人机具有很强的机动性，可以根据某一区域内的特殊需要来提供互联网接入服务。

（三）会飞的货物配送员

无人机送货服务最著名的要数亚马逊的 Prime Air 无人机物流计划。2013 年底，亚马逊公布了一款叫 Prime Air 的八翼无人机，能够运输一件质量约为 2 268 g 的快递。亚马逊一直致力于购物领域，给予用户无穷的选择、最低的价格，以及未来将要实现的即时送达。亚马逊的 Prime Air 已经迭代进入第九代，可负重约 2 268 g 货物，而这个质量覆盖了 86% 的品类，同时能够以超过 1.61 km/h 的速度飞行，同时已经正式向 FAA 申请更大范围的室外飞行测试。另外 Google、UPS 等也从 2012 ~ 2013 年就开始测试无人机送货。

无人机送货具有以下特点。首先，每单能耗成本不到 0.1 元。以载重为 2 kg 计算，包裹配送距离 10 km 范围内直接硬件成本（主要是能耗）不到 0.1 元，每单耗电 10 A·h，耗电约 0.03 元。其次，无人机摊销成本低。以一个制作成本为 5 000 元的无人机测算，5 年的运营寿命，加上每年 20% 的维护费，约 6 000 元，约 4 元 / 天，如果每个无人机每天完成 10 次任务，这就意味着每个包裹摊销成

本 0.4 元，经济效益较高。合计每单不到 0.5 元的成本，相比目前的人工物流成本有明显降低。

无人机物流较难的是最后的货物投送阶段，仅知道目的地的 GPS 坐标是远远不够的。目前澳大利亚的克林顿和格兰特提出的方法是在无人机上加装摄像头，并在用户的阳台上放一个大盒子，上有特定标识，无人机通过机器视觉识别并准确地将货物投递到用户的阳台上。

（四）个人安全的空中守护者

无人机既具备物流送货、监测信息、航空拍摄等各种功能，也能够记录我们的日常生活。上海的 AirMind 公司开发的“Mind4”四旋翼无人机被授予了“跟踪者无人机”的称号，因为它具有跟踪某一指定人物或目标并对其进行拍摄的功能。“Mind4”的设计理念是为了记录我们的生活，甚至是记录非人类生物。“Mind4”配备的摄像头能够覆盖到距离指定物体 20 m 以外的地方。凭借其自动导航功能，“Mind4”跟踪选定目标时的最大高度可达 20 m，最远身后距离可达 50 m，而且还能通过手势对其进行控制。

配备有内置摄像头的四旋翼无人机如今已经普及，但大部分无人机仍需要对其进行远程遥控。基于 GPS 的追踪技术无法确保物体所处方位（即摄像头指向的位置）的精确性，原因在于民用 GPS 通常情况下都不十分精确。考虑到这些年来民用无人机产品的快速发展，像“Mind4”这类产品的诞生也许已经不足为奇了。未来更加成熟的可跟踪记录指定目标的无人机可对个人安全实现全面的监测和保护。

第四节　无人机高光谱成像技术的发展及其应用

一、高光谱成像技术

高光谱成像技术可同时获取地物的几何、辐射和光谱信息，集相机、辐射计和光谱仪功能于一体。相比光学空间二维成像，高光谱成像技术可对地物进行空间和光谱三维成像，在一定的空间分辨率下，获取宽谱段范围内地物独特的连续特征光谱，对地物的精细分类和识别具有突出的优势。目前高光谱成像技术已成为对地遥感的重要前沿技术手段，在自然资源调查、生态环境监测、农林牧渔、海洋与海岸带监测等领域发挥着越来越重要的作用。

随着高光谱成像技术应用的深入研究，对高光谱成像遥感仪器的光谱范围、幅宽、光谱分辨率、空间分辨率、时间分辨率与定标精度等指标提出了新的要求，同时满足这些相互制约的参数指标，是国内外高光谱载荷研制中一直难以突破的技术难点。

成像光谱仪自 20 世纪 80 年代由美国喷气动力实验室正式提出并研制以来，经过几十年的飞速发展，目前已成为非接触光学成像最具代表性的技术之一。高光谱成像技术的出现和发展使人们观测和认识事物的能力实现了又一次飞跃，延伸和完善了光学成像从全色经多光谱到高光谱的全部图像信息链，孕育形成了一门称为成像光谱学的新兴学科，已广泛应用于遥感领域。国际上知名的高光谱成像技术提供商如 Specim、Headwall、Cubert 和 IMEC 等绝大多数集中在欧美国家，因此高光谱成像技术的早期应用探索也率先在欧美地区展开。

我国高光谱遥感技术从 20 世纪 80 年代以来，经过几代研究人员的不懈努力，从探索研究到实际应用，始终和国际保持同步发展。但是，近地及无人机遥感高光谱技术在中国的发展起步较晚，特别是民用化的推广应用，更是在二十多年才逐步为广大科研工作者所知悉。受成像传感器、光谱仪等核心器件的技术壁垒限制，真正国产高光谱成像技术更是凤毛麟角，国内大多数企业更多是从国外引进光谱仪等核心器件，在此基础上进行二次开发集成，缺乏核心竞争力，因此，核心技术的国产化应该成为我国企业关注的重点。

高光谱成像技术发展至今，就硬件来说，随着工业 4.0 时代的到来以及先进制造业的发展，以 Specim 为代表的高光谱成像技术生产商经过近 20 年的技术积累，已经具备了从紫外（UV）、可见光（VIS）、近红外（NIR）、短波红外（SWIR）、中波红外（MWIR）到长波红外（LWIR）全波段的高光谱成像产品生产能力。可以说高光谱成像技术在硬件方面的发展已达到先进制造业所能支撑的顶级水平，市场常见的高光谱产品也是百花齐放。

但是，由于高光谱成像技术应用领域的多样化，不同应用分析需求中由定性分析向定量或半定量分析的快速转化，高光谱成像应用解决方案及软件分析技术未得到同步发展，特别是针对某一具体应用领域，缺乏完整的解决方案。而且高光谱图像数据具有超多波段和大数据量等特征，对它的处理也就成为其成功应用的关键问题和难题。高光谱图像数据分析门槛较高，市场上又鲜有专业的分析软件，用户要想更好、更深入地发掘高光谱信息并与自身的研究课题结合起来，往往需要从底层入手，且具备图像处理、编程、二次开发等专业基础，而目前高光谱成像技术应用较多的领域（如农业遥感、生态环境监测、植物表型分析等领域）

的用户，并不具备这样跨学科的基础，使诸多领域的用户望而却步。更需一提的是，具有广阔前景的工业应用领域的用户，往往更关注直接可用的结果，而不注重分析过程，因此，针对缺少特定领域的专业分析软件技术成为现如今高光谱成像的普及及工业化应用的最大阻碍，是高光谱行业科技公司亟须解决的问题。正因如此，以北京易科泰生态技术公司自主开发的 SpectrAPP©、FluorVision© 等为代表的专业高光谱成像分析软件应运而生，为高光谱技术的发展贡献积极力量。

目前高光谱成像技术在农业、林业、植被覆盖、生态环境监测、地质矿产、湖泊和海洋水质检测等领域具有广泛的应用。除了以上领域外，高光谱技术最具发展潜力的应用将会体现在工业应用方向，如自动化分选、流水线 / 产品线品质监控、废弃物循环利用等，另外在生物医学、文博考古、刑侦、艺术品鉴定等行业高光谱成像技术也可发挥一定的作用。

随着成像传感器技术、机器视觉技术、人工智能技术的发展，尽管高光谱成像技术已越来越多地应用于各行各业，但由于缺乏通用的行业标准，再加上国内外高光谱成像软硬件质量参差不齐，在全世界范围内没有建立起一套完整的、公认的、权威的规范标准，使得高光谱成像技术缺乏国际一致认可的衡量标准，也催生出许多以次充好、滥竽充数、搅乱市场的现象。

二、国内主要高光谱成像技术研发公司

（一）北京易科泰生态技术有限公司

自 2002 年成立以来，易科泰便长期致力于生态 - 农业 - 健康研究监测技术推广、研发与服务，并与国际知名公司如 PSI 公司、Specim 公司等合作，在光谱成像技术如高光谱成像技术、叶绿素荧光成像技术、红外热成像技术、无人机遥感技术等方面积累了丰富的经验。该公司下设有叶绿素荧光技术与植物表型业务部、EcoTech® 实验室、光谱成像与无人机遥感事业部及无人机遥感研究中心（与陕西师范大学合作建立）、动物能量代谢实验室、内蒙古阿拉善蒙古牛生态牧业研究院及青岛分公司。实验室拥有叶绿素荧光成像、叶绿素荧光仪、水体藻类荧光仪、SPECIM 高光谱仪、WORKSWELL 红外热成像仪、EasyChem 全自动化学分析仪、MicroMac1000 水质在线监测系统、ACE 土壤呼吸自动监测系统、SoilBox 便携式土壤气体通量测量系统、动物呼吸测量系统、LCpro+ 光合作用测量仪、Hood 土壤入渗仪、年轮分析仪等各种仪器设备，为国内遗传育种、植物生理生态研究、作物抗性筛选等提供表型分析技术方案已有 20 多年的成功技术经验，先后为中科院植物所、中国农科院水稻所、中国农科院生物技术研究所、

中国海洋大学、海南大学热带作物学院等科研机构和公司机构提供了几十套高通量作物/植物表型分析平台和藻类表型分析平台，包括高光谱成像技术、叶绿素荧光成像技术等国际先进表型分析技术。近年来，易科泰公司与国际高光谱成像技术领导者Specim合作，研制生产了Ecodrone®系列无人机高光谱-激光雷达-红外热成像遥感平台、PhenoTron®多功能高光谱成像等系列作物/植物表型分析系统、AlgaTech®藻类表型分析平台等，为植物/作物表型分析、中医药表型组学、生态修复及生态保护、水体与藻类、生态环境监测领域等提供陆空双基、全方位的技术方案，也使得易科泰成为国内高光谱成像技术在农业、林业、生态环境、海洋科学、地质地球科学等领域应用推广的先行者和主要代表。

易科泰公司与欧洲PSI公司（叶绿素荧光技术与表型分析技术）、美国SABLE公司（动物能量代谢技术）、欧洲SPECIM公司（高光谱成像技术）、欧洲WORKSWELL公司（红外热成像技术）、欧洲Lightigo公司（LIBS元素分析技术）、欧洲BCN无人机遥感中心、欧洲ITRAX公司（样芯密度扫描与元素分析）、美国VERIS公司、英国ADC公司、德国UGT公司、欧洲SYSTEA公司等国际著名生态仪器技术领域的研发机构和厂商建立了密切的合作关系，在FluorCam叶绿素荧光成像与荧光测量技术、PlantScreen植物表型分析技术、高光谱成像技术、红外热成像技术、光合作用与植物生理生态研究监测、土壤呼吸与碳通量研究监测、动物呼吸代谢测量、水质分析与藻类研究监测、CoreScanner样芯密度CT与元素分析技术、LIBS元素分析技术、无人机生态遥感技术等生态仪器技术及其系统方案集成方面有着丰富的经验，成为我国农业、林业、地球科学、生态环境研究等领域科技进步的重要研究技术支持力量。由公司研制生产的EcoDrone®无人机遥感平台、SoilTron®多功能小型蒸渗仪技术、SoilBox®土壤呼吸测量技术、PhenoPlot®轻便型作物表型分析系统、SCG-N土壤剖面CO_2/O_2梯度监测系统、植物生理生态监测技术、动物能量代谢测量技术等，在中科院修购项目、农村农业部学科群项目、CERN网络（生态系统监测网络）等项目中发挥重要作用。

（二）北京欧普特科技有限公司

北京欧普特科技有限公司成立于1998年，是一家专注于光学技术和产品的推广、研发、生产及销售的创新型科技公司。公司总部位于北京中关村电子科技园，并在全国多地设有分支机构和办事处。公司的研发实力坚实，生产和检测技术能力雄厚，自成立以来，一直被政府认定为“高新技术企业”。欧普特科技自成立至今，始终关注光学行业发展，致力于光学元件与光学镜头的设计、开发与加工生产，光学精密仪器的销售，与光谱成像系统的开发。

该公司致力于遥感领域的工作 20 余年，代理销售国外多家著名光学仪器品牌的产品，包括美国 Headwall 高光谱成像光谱仪、美国 SEI 便携式地物光谱仪、美国 D&P 便携式傅里叶变换热红外光谱仪和美国 MicaSense 多光谱相机，并成功地应用于遥感、农业、林业、环境保护、水体、气象、矿产等多个领域。此外，该公司还自主研发了高光谱显微成像系统、高光谱 / 多光谱无人机内陆水环境监测系统、高通量作物表型监测系统等，并取得了多项专利，给客户提供完整的解决方案。该公司仪器销售和研发主要的服务客户包括科研院所、各大高校、环保系统、农业系统、气象系统、地质矿产等各个行业和领域。

（三）北京智科远达数据技术有限公司

北京智科远达数据技术有限公司成立于 2014 年，是一家专注于无人机载线阵列高光谱成像系统研发、应用的创新型科技公司。其代表性产品 ZK-VNIR-FPG480 轻小型无人机载高光谱成像仪属于面阵探测器加推扫式扫描仪的成像光谱仪，其原理是把线阵列推扫式成像光谱仪垂直向下放置在无人机上，成像光谱仪沿着无人机的飞行方向对地面场景进行光谱扫描。每一次曝光，可以得到垂直于飞行方向的一行图像像素对应的光谱信息，全部的信息需要通过飞机的运动推扫来获取。轻小型无人机载高光谱成像仪（ZK-VNIR-FPG480）可搭载多型无人机平台，集成自主研发的最新型高光谱成像仪、高稳定稳像云台、高速数据采集控制器和高精度定位装置，可实现高质量光谱数据实时采集、存储，返回地面后可快速浏览和处理高光谱数据，在红树林种群分类、水质监测、森林生物量反演等应用领域得到了广泛应用。

三、无人机高光谱影像应用及其数据拼接技术瓶颈问题

遥感对地观测要解决的两个重要问题：一是几何问题，二是物理问题。前者正是摄影测量的目标，后者则要回答观测的对象。这就是遥感问题。图像和光谱是人们在纷繁的大千世界中认识事物，以至识别所要寻求的对象最重要的两种依据。图像为解决地物的几何问题提供了基础，光谱往往反映了地物所特有的物理性状。现代遥感技术的发展，使得地物的成像范围不仅延伸到人们不可见的紫外和红外波长区，而且可以在人们需要的任何波段独立成像或连续成像。高光谱遥感的光谱分辨率高于 1% 波长达到纳米（nm）数量级，其光谱通道数多达数十甚至数百。高光谱或成像光谱技术就是将由物质成分决定的地物光谱与反映地物存

在格局的空间影像有机地结合起来，对空间影像的每一个像素都可赋予对它本身具有特征的光谱信息。遥感影像和光谱的结合，实现了人们认识论中逻辑思维和形象思维的统一，大大提高了人们对客观世界的认知能力，为人们观测地物、认识世界提供了一种便利手段，这无疑是遥感技术发展历程中的一项重大创新。

20 多年来，高光谱遥感已发展成一项颇具特色的前沿技术，并孕育形成了一门成像光谱学的新兴学科门类。它的出现和发展将人们通过遥感技术观测和认识事物的能力带来了又一次飞跃，续写和完善了光学遥感从全色经多光谱到高光谱的全部影像信息链。由于高光谱遥感影像提供了更为丰富的地球表面信息，因此受到国内外学者的很大关注，并有了快速发展。其应用领域已涵盖地球科学的各个方面，在地质找矿和制图、大气和环境监测、农业和森林调查、海洋生物和物理研究等领域发挥着越来越重要的作用。

高光谱遥感获取的是目标的光谱信息，并将一定的波长划分成许多波段，每个波段的波长都非常窄且连续，能同时获得一个物体在多个短波长里的反射信息，因而光谱成像仪在海洋水质监测、矿产识别和林场分析中起到十分重要的作用。它可以获取海洋光谱，从而识别海水中的悬浮物、叶绿素、总磷、总氮等不同物质成分的含量，为海洋环境监测提供可靠的依据；它可以准确探测植被光谱，提取植物的冠层、叶绿素含量等各类生化参数，并进一步得到植株的病虫害信息，以此来实施对森林病虫害的监测。

目前，绝大部分的高光谱成像仪都是搭载在卫星上的，卫星影像具有很强的宏观属性，可以获得大范围且大量的高光谱影像，但是遥感卫星都是云上摄影，难以消除大气层对卫星成像造成的影像，且卫星的实时性不高。随着无人机航空摄影技术的出现，卫星遥感技术的不足被很好地解决。无人机飞行高度低，因此它不受云层的影像，解决了大气层影响卫星成像的问题；无人机体积小、系统的机动性较高，可根据需求获取实时影像，解决了由于遥感卫星周期限制而导致的实时性差的问题；无人机价格相对低廉，容易上手，可以用它来执行一些危险且复杂的任务。基于以上优点，无人机遥感技术已广泛应用于我国农业、林业、海洋、抗震救灾等领域。但是无人机在获取影像时的飞行高度较低且在飞行过程中容易受到传感器的影响，单张无人机影像所获取的区域面积很小，只通过一张影像很难满足研究需求，因此需要进行影像拼接，才能使研究区域被全面覆盖。近年来随着成像光谱仪硬件技术不断革新，质量轻、体积小、成本低的轻小型无人机载光谱成像仪也逐渐发展起来，成像光谱仪与无人机的有效集成具有广泛的应用前景。不同于普通 RGB 影像，成像光谱仪有属于其自己独特的成像方式，用其获取的影像在拼接时还存在着一些普通影像不存在的问题，具体表现如下所述。

（1）由于影像的光谱分辨率高，拼接后的全景图不仅要满足视觉效果，即航带间拼接不存在错位现象，还要保证拼接前后同名点光谱的保真性，以保证后续影像的二次应用。

（2）光谱影像具有上百个波段，影像的数据量很大，在选择影像拼接算法时应考虑算法的复杂程度和耗时，且要避免全部波段参与运算。

（3）为提高作业效率，航带间的旁向重叠率通常设置较低，一般在 30% 左右，这会导致有些配准算法效果不好甚至失效，对算法选择要求更高。

（4）高光谱影像多应用于水体、林业的定量反演与分析，针对此类纹理均匀的目标，对拼接算法的准确性挑战很大。

因此，在总结现有的影像拼接技术的基础上，研究适用于不同地物类型的无人机高光谱影像的拼接方法具有十分重要的现实意义。根据高光谱影像的数据特点，本书将重点论述图像拼接中的三大关键技术：几何校正、图像配准和图像融合，提出一套有效的无人机高光谱数据拼接流程，为无人机高光谱遥感影像的自动拼接提供借鉴。

四、无人机高光谱影像拼接国内外研究现状

在无人机高光谱影像获取中，将导航定位系统（Position and Orientation System，POS）、稳像云台以及线阵列电荷耦合器件（Charge Coupled Device，CCD）成像光谱仪搭载在轻小型无人机上对研究区域进行推扫成像是目前应用很广的一种有效的手段。在飞行规划中，为提高数据采集效率、节约地面控制点获取的成本，获得具有一定旁向和航向重叠度的无人机航拍影像，一般会设置多条平行的飞行航线。每一条航线上，线阵列 CCD 成像光谱仪推扫获得的影像是连续的，到达当前航带的终点后，无人机会转弯并以一定的旁向重叠度进行下一条航带的推扫成像。为获得研究区域的大范围高光谱影像，需要进行不同航带影像间的拼接处理，为获得准确的影像光谱反射率数据，需考虑因飞行姿态不稳、传感器内部暗电流噪声、外部光照环境变化等因素的影响而导致的影像几何、辐射畸变，并对其进行消除。

传统的影像拼接是指将两幅或多幅序列影像按照其公共部分进行叠加，得到一幅大型的具有较宽视角的无缝影像。它主要包括影像配准和融合两个关键步骤。影像配准的目的是根据几何运动模型，将多幅无人机影像投影到同一个坐标系中；影像融合是指在配准后影像的重叠范围内对影像进行缝合和平滑处理，实现影像间的平滑过渡，以避免因影像配准误差产生“鬼影”或因曝光差异而出现明显的拼接缝。无人机高光谱影像拼接结果的几何质量取决于影像配准精度，辐射质量由辐射校正过程决定。无人机高光谱影像配准和辐射校正的研究现状如下所述。

（一）无人机高光谱影像配准研究现状

无人机高光谱影像配准主要分为几何校正和几何配准两个关键步骤。在几何校正中，每幅无人机影像都可借助地面控制点（Ground Control Point，GCP）或者 POS 信息被校正到一个统一的参考空间坐标系。目前，可搭载在无人机上的全球导航卫星系统（Global Navigation Satellite System，GNSS）接收机和惯性导航系统（Inertial Navigation System，INS）均有较高的定位和定姿精度。如我国中海达公司研发的 Sky2 机载 GNSS 接收器，即使在 100 km/h 的高速移动下，也能实现厘米级差分定位。但将获取的 POS 信息直接用于定向获得的几何粗校正影像仍存在几何定位误差。虽然使用地面控制点对其进行进一步几何精校正能提高影像的几何精度，但校正得到的不同无人机影像上同名像点的几何位置差异仍然存在。为得到无缝拼接影像，需要在影像重叠区中找到精确的匹配连接点，并通过几何配准尽量减少匹配连接点之间的几何位置差异。针对无人机高光谱影像，Moroni 等提出一种快速傅里叶变换算法，以自动估计多个重叠图像对之间的几何位移。考虑到计算机算力的限制，该研究以高光谱影像对的皮尔逊相关系数（Pearson Correlation Coefficient，PCC）选择影像波段，将 PCC 值最大的波段用于影像匹配，为后续影像拼接提供匹配连接点。Habib 等提出一种快速且鲁棒性强的改进特征匹配方法，以寻找几何校正后高光谱图像和 RGB 正射影像之间的匹配连接点，其拼接获得的高光谱影像在农田监测中取得了很好的应用。上述两种方法虽然在有较大重叠率的面阵列影像拼接中得到了验证，然而，对无人机载线阵列高光谱影像而言，这些方法往往难以取得好的拼接效果。一方面，考虑到无人机电池续航能力的限制，为在有限时间获取大范围航拍数据，飞行控制时，影像旁向重叠度的设置一般较小（30% ~ 50%）。另一方面，一些自然资源保护区而主要由水体、植被构成，要获得大量精确的匹配连接点和地面控制点非常困难。为提高无人机高光谱影像拼接精度，需要针对窄重叠率的多航带影像，开展基于少量地面控制点和稀疏特征匹配点的影像配准方法研究。而且，为提高影像匹配效率，需研究适合提取匹配连接点的最优光谱波段选择策略，可以从研究区域特有的植被光谱特征入手，对影像进行特征提取、变换、选择方法的研究。

以上研究均需要首先从无人机高光谱影像中获取地物光谱反射率数据才能顺利开展。因此，对无人机高光谱影像的辐射校正方法的研究也得到了很多研究人员的重视。

（二）无人机高光谱影像辐射校正研究现状

相邻航带间的重叠区地物光谱反射率会受传感器姿态及入瞳处光线变化的影响而存在较大的差异。因此，假如直接将配准后影像叠加得到拼接影像会存在明显的拼接缝问题。为消除拼接缝、提高拼接结果的辐射质量，需要研究如何消除配准后航带影像之间的光谱差异，还需要保证拼接后得到的高光谱影像具有高光谱保真度，即从高光谱影像上获得的地表反射率应当和地物实测的光谱反射率相吻合，以准确地反映各类地物光谱反射特性，为分类奠定基础。

一种解决方法是通过绝对辐射校正以获得各影像准确可靠的地表反射率，进而使得不同影像之间光谱保持一致。例如，Olsson 等指出无人机高光谱影像的像素灰度值（Digital Number，DN）反映了传感器入瞳处接收的光信号强度，由于受仪器内部噪声、外部光线变化、无人机姿态变化、大气、地形等因素的影响而存在辐射畸变，需要经过传感器定标、辐射校正才能获得传感器入瞳处的表观反射率，还需要进行大气校正才能得到地表反射率；为了评估 Parrot Sequoia 相机获取的高光谱数据是否能得到准确的地表反射率，在无人机上同时搭载了太阳辐射感应器，并通过绝对辐射校正实验获得了影像地表反射率；在实验中，将影像地表反射率和地面测量的光谱反射率进行对比，结果表明从影像地表反射率计算的归一化植被指数（Normalized Difference Vegetation Index，NDVI）值和从地面测量光谱反射率计算得到的 NDVI 值具有最高的相关性（$R^2=0.99$），而计算红边、近红外、红色波段的相关性，其 R^2 值为 0.80 ~ 0.97。上述的绝对辐射校正精度很高，但其中还存在一些问题没有得到很好的解决，如对于不同地物存在不同的光谱反射特性，观测的时间或角度不同，传感器获得的表观反射率也不相同，特别是植被存在双向反射特性分布特性（Bidirectional Reflectance Distribution Function，BRDF），还需要进一步加强对无人机光学遥感物理的研究。而为了消除大气的影响，在平原地区，只进行大气校正即可，而在山区，除大气校正外，有时还要进行地形辐射校正以获得较准确的地表反射率。

在实际应用中，还有另外一种简单的相对辐射校正方案被应用得较多。对地形起伏较小的研究区域，地形影响可被忽略不计。而传感器定标可通过实验室定标完成。另外，考虑到大气对低空摄影测量的影响在晴天基本可忽略不计，可以通过在研究区域的地面摆放参考白板的方式，通过相对辐射校正将影像的 DN 值转化为地表反射率。针对无人机高光谱影像，Honkavaara 等提出了一个基于辐射亮度分块调整的方法，通过估算太阳光强和对参考反射板的观测来对影像进行加权调整，但这种方案容易受先验值特别是光强等级的影响。Yang 等提出一种定量评估辐射反射变化的方法对高光谱影像进行辐射校正，将校正结果和地面 ASD 光谱仪采集的反射率进行对比，发现在 500 ~ 945 nm，光谱反射率的保真度达到了 95%，而且在红外光谱区域校正后的影像反射率没有降低。

五、传统图像拼接方法流程及研究现状

传统图像拼接方法根据空间关系建立方法的不同可分为基于特征匹配的图像拼接和基于 POS 数据的图像拼接。基于特征匹配的图像拼接，因为每幅图像间都没有坐标关系，需要利用图像间的特征信息来建立关系，并选择一种合适的图像变换方式进行拼接，拼接后的影像不带有真实的地理坐标；而基于 POS 数据的图像拼接，可将 POS 数据转化成图像的坐标，然后根据坐标信息直接进行融合拼接，但由于 POS 数据精度低，拼接影像往往会出现错位现象。图 1-1 是两种传统的图像拼接方法流程图。

（一）基于特征匹配的图像拼接研究现状

基于特征匹配的图像拼接技术主要包括图像配准和图像融合，图像配准是将待配准的图像变换到同一个坐标系中，融合是将配准后的图像合成一张无拼接缝的全景图。

1. 图像配准研究现状

自 20 世纪 90 年代以来，影像配准技术已经得到了广泛的应用，其中包括无人机遥感等领域。2003 年，Barbara 总结了图像配准的方法及流程，主要包括以下 4 个步骤：

（1）特征提取（Feature Detection）；

（2）特征匹配（Feature Matching）；

（3）确定变换模型及参数（Mapping Function Design）；

（4）图像变换及插值（Image Transformation and Resampling）。

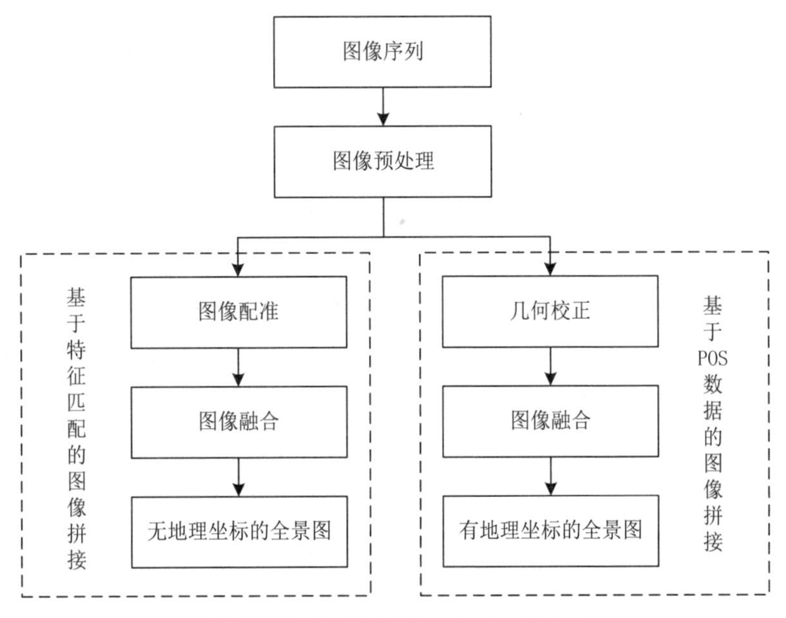

图 1-1　传统的图像拼接方法流程图

图像变换模型是图像配准算法的基础，同时图像配准算法的选择也影响着图像变换模型的选择。在进行图像变换时，要充分考虑到配准方法和影像实际的几何变化情况，以便正确地反映两图像之间的空间变换关系。图像变换模型可以分为两大类：全局变换模型（Global Transformation）和局部变换模型（Local Transformation）。在全局变换模型中，仅使用一个变换函数来代表参考图像和待配准图像之间的空间变换关系，即对待配准图像使用一个函数进行整体变换；在局部变换模型中，使用多个变换函数来代表参考图像和待配准图像之间的变换关系，即将待配准图像分块，对每个区块使用各自的变换函数进行单独的配准。实际中，参考图像和待配准图像之间的空间变换是非常复杂的，因此理论上应当采用局部变换模型进行图像变换，但是局部变换模型的算法非常复杂且计算量大，因此目前绝大多数的图像配准方法均使用全局变换模型来实现图像变换。通过对一些基本几何变换进行排列和组合，就能得到许多变换模型，如刚体变换、仿射变换、相似性变换、投影变换以及非线性变换等复合型变换。

如果用 $I_1(x,y)$ 表示基准图像，$I_2(x,y)$ 表示待配准图像，图像配准的过程可以用式（1-1）来表示

$$I_2(x,y)=g(I_1(f(x,y)))\tag{1-1}$$

式中：f代表坐标变换函数；g代表灰度变换函数。图像配准就是寻找一个合适的f和g，满足以下公式：

$$\min\|I_2(x,y)-g(I_1(f(x,y)))\| \tag{1-2}$$

在图像配准中，首先要实现的就是空间变换，很多情况下不需要求解灰度变换函数。目前，图像配准的方法有很多，具体可分为基于灰度信息的、基于变化域的和基于局部不变性特征的。

基于灰度信息的配准方法是图像配准方法中最基础的一种方法。该方法用匹配模板在目标影像中遍历查找，通过比较两搜索区域内的灰度值的相似程度，选取相应的搜索策略来实现图像配准。常用的度量相似程度的函数有相关函数、协方差函数、差绝对值、灰度差平方和等，这些度量函数可以概括成一个通用公式：

$$R(c,r)=\underset{(x,y)\in D}{f}[I_1(x,y),I_2(x+c,y+r)] \tag{1-3}$$

式中：$R(c, r)$为相关测数；c为行号；r为列号；D为搜索区；f为相关度量函数。根据选用模板的不同，可将其分为三种方法：块匹配法、比值匹配法和网格匹配法。块匹配法是汪成为在1996年提出的，该方法的优点是精度较高，缺点是计算量大；比值匹配法是Hartley和Gupta在1994年共同提出的，该方法的优点是运算速度比块匹配法快，缺点是降低了匹配的精度；网格匹配法是李志刚在2000年提出的，该方法的优点是相对于前两种方法运算速度有进一步提高，缺点是定义的步长是人为决定的，容易造成误差。基于灰度信息的方法充分利用了图像所包含的信息，思路简单，实现起来较为容易，对于比较简单的图像具有较好的配准效果，但对于复杂的或有噪声的图像，该方法的配准效果较差，且其在灰度差异方面也缺乏鲁棒性，同时该方法计算量大，耗时比较久，因此，它只适用于有平移和轻微旋转、变形情况的图像配准。

基于变换域的配准方法是将影像从空域变换到频域中，然后在频域中对重叠区域来建立模板进行影像匹配。1975年，Kuglin和Mines首次提出了相位相关法，该方法通过计算图像频率域的相位相关性来得到影像间的位移量。1987年，Castro和Morandi改进了相位相关法，该方法不仅可以得到影像的平移量，还可以得到影像的旋转量。随后，Srinivasa和Chatterji提出了一种新的相位相关法，该方法在求得影像间的平移量和旋转量的同时，还可以求得影像的缩放量。Reddy、Averbuch等将互功率谱用极坐标表示，从而提高了该方法在计算影像间的平移量、旋转量和缩放量时的鲁棒性。由于图像是利用其在频域中的特征，因此相比空域中的配准，基于变换域的方法具有更好的精度，此外，该方法对噪声的抗干扰性强、算法复杂度低、计算速度快，但是当图像之间存在复杂的变换时，该方法将无法适用。

基于特征的配准方法是目前使用最为广泛的方法，它具有适应性强、配准精度高、对复杂形变不敏感等优点。该方法利用特征提取算法提取出匹配影像与待匹配影像各自的特征信息，然后对特征信息进行准确匹配从而得到同名点，利用同名点坐标求解影像几何变换函数，最后对待配准影像进行几何变换。该方法一般包括四个步骤：特征提取、特征匹配、几何模型参数估计和图像变换与重采样。在基于特征的配准算法中，基于特征点的提取与描述是目前的主流算法。1981 年，Moravec 提出的角点检测算法，是图像特征点检测的鼻祖。1988 年，C. Harris 等提出了 Harris 角点检测算子，该算子检测到的特征点具有更高的重复率和检测率。1997 年，Smith 等提出 SUSAN 检测算子，该算子具有定位精度高、对噪声不敏感等优点。20 世纪 90 年代，Mikolajczyk 和 Schmid 提出了 Harris-Laplacian 检测算子和 Harris-Affine 检测算子。1999 年，Lowe 对尺度不变特征变换算法（Scale Invariant Feature Transform，SIFT）进行了深入研究，2003 年，M. Brown 证明了使用 SIFT 算法具有比较好的匹配精度。2004 年，Lowe 对 SIFT 算法进行了改进，提出了最终的 SIFT 算法，它在特征点提取领域具有里程碑式的意义，该方法已被广泛应用于图像配准中。2006 年，Bay 对 SIFT 算法进行了改进，提出了 SURF（Speeded Up Robust Features）算法，它相对于 SIFT 算法具有更高的计算效率。2009 年，Yu 等提出了仿射 - 尺度不变特征转换（Affine-SIFT，ASIFT）算法，克服了 SIFT 算法在仿射不变性上的缺陷。2013 年，李长春等对 SURF 算法进行了优化，拼接效率大大提高。

以上三种传统的配准方法都存在一个缺点，即拼接后的影像没有真实的地理坐标，不能进行空间定位。

2. 图像融合研究现状

图像融合是指对配准后两幅影像的重叠区域进行处理以消除因亮度差异而出现的拼接缝现象，并将两张影像拼接成一幅影像。图像融合算法可分为像素级图像融合、特征级图像融合及决策级图像融合，像素级融合是在源图像已经经过降噪等预处理和精确配准的条件下，根据一定的融合规则直接对源图像以像素为单位进行融合的过程，无人机遥感图像融合一般都采用像素级的融合方法，因为该方法能够很好地保留图像的细节，避免造成信息损失。目前常用的基于像素的融合方法有直接平均融合法、加权平均融合法、最佳缝合线融合法和小波变换融合法等。

直接平均融合法对重叠区域的像素值进行简单的算术平均，优点是过程简单、速度快，缺点是拼接缝有时不能完全消除。加权平均融合法在重叠区域引入权值，该算法的核心就在于权重的选取。Reddy 采用渐入渐出法对配准后图像进行融合，实现了图像的无缝拼接。陆一等采用动态的权值，有效地提高了该算法的融合性能。1984 年，Burt 等提出了拉普拉斯金字塔多尺度分解的图像融合算法，该方法是在由重叠区域构建的金字塔结构中进行不同尺度的分层，并在不同层中进行融合。1993 年，Ranchin 和 Wald 用小波变换算法对遥感图像进行了融合。2016 年，余美晨等改进了传统的高斯－拉普拉斯金字塔的图像融合算法，进一步保留了原始图像的真实细节信息。同年，冯清枝等利用小波融合技术对多幅图像进行融合处理，突出了夜间视频监控图像画面的细节信息。

（二）基于 POS 数据的图像拼接研究现状

基于 POS 数据的图像拼接方法主要是利用坐标信息来进行配准，该方法能大大提高影像的拼接速度。目前，大部分的无人机都带有 POS 系统，主要用于无人机的导航和飞行姿态的控制，其精度不高。如果利用 POS 数据直接进行拼接，会造成相邻图像间存在较大的配准误差，出现明显的错位现象，但拼接后的影像带有地理坐标信息，具有极其重要的参考价值。基于 POS 系统的图像拼接方法原理简单，研究得较少，熊桢等利用 GPS 数据对 OMIS 图像进行航线校正的研究，得到了较好的结果。赵正等利用无人机倾斜影像提出了一套基于 POS 的无人机倾斜影像匹配策略，取得了较好的配准结果。杜丹等针对基于特征匹配的图像拼接算法较慢且无坐标的问题提出了一种带地理信息的无人机遥感影像的拼接方法，该方法虽然提高了拼接的速度，但是融合效果并不是十分理想。

第二章　无人机载高光谱影像成像原理及特性

第一节　高光谱成像光谱仪的成像原理

成像光谱仪是一种能够获取连续且具有高光谱分辨率图像的仪器，按照其结构的不同，可分为两种类型：一种是面阵探测器加推扫式扫描仪的成像光谱仪，如图 2-1（a）所示，它的实质是一个二维面阵列，一维是线性阵列，另一维是光谱维。它利用线阵列探测器进行扫描，然后将收集到的光谱信息分解成若干个波段，在面阵列的不同行进行成像。这种仪器利用色散元件和面阵列探测器完成光谱扫描，利用线阵列探测器及其沿轨道方向的运动完成空间扫描，它具有空间分辨率高、光谱信息准确等特点。另一种是用线阵列探测器加光机扫描仪的成像光谱仪，如图 2-1（b）所示，它利用点探测器收集光谱信息，然后将收集到的光谱信息分解成不同的波段，在线阵列探测器的不同元件上进行成像，它通过点扫描镜在垂直于轨道方向的面内摆动以及沿轨道方向的飞行完成空间扫描，而利用线探测器完成光谱扫描。

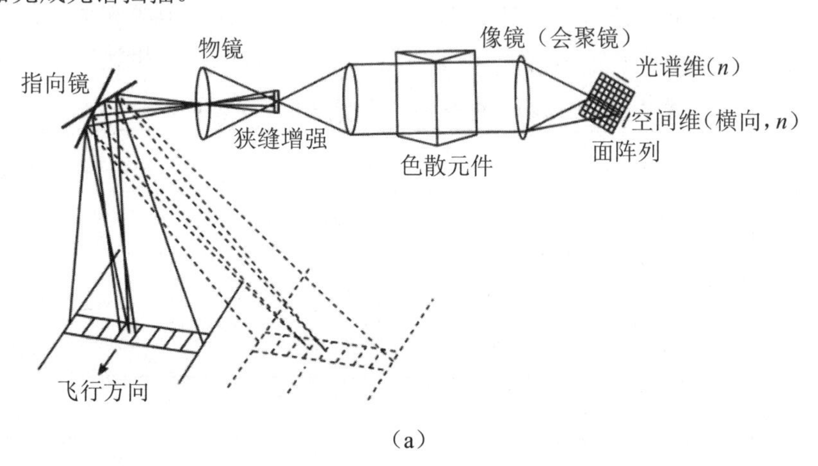

（a）

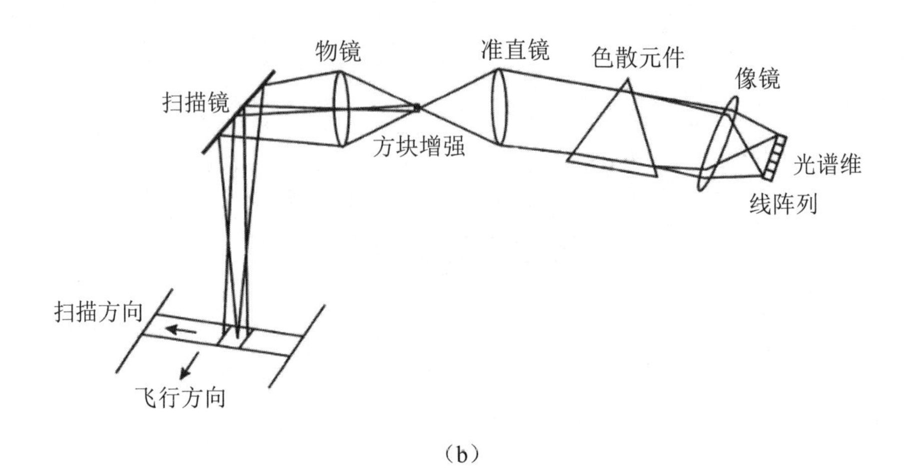

（b）

图 2-1　两种成像光谱仪的成像原理

（a）面阵探测器加推扫式扫描仪的成像光谱仪成像原理；（b）线阵列探测器加光机扫描仪的成像光谱仪成像原理

本书使用的试验数据均由 ZK-VNIR-FPG480 轻小型无人机载高光谱成像仪（生产厂商：北京智科远达数据技术有限公司，后文简称 ZK-VNIR-FPG480 高光谱成像仪）所拍摄，该成像光谱仪属于面阵探测器加推扫式扫描仪的成像光谱仪，其原理是把线阵列推扫式成像光谱仪垂直向下放置在无人机上，成像光谱仪沿着无人机的飞行方向对地面场景进行光谱扫描。每一次曝光都可以得到垂直于飞行方向的一行图像像素对应的光谱信息，全部的信息需要通过飞机的运动推扫来获取。

ZK-VNIR-FPG480 高光谱成像仪系统主要包括高光谱成像扫描主机、高精度稳像云台、RTK 定位装置、高速数据采集器、GPS 天线、电源和数据线缆等。高光谱成像仪的主要技术指标如表 2-1 所示。

表 2-1　ZK-VNIR-FPG480 高光谱成像仪主要技术指标

参数	技术指标
谱段范围	400 ~ 1 000 nm
光谱通道数	270
光谱分辨率	2.8 nm
空间通道数	480

续表

参数	技术指标
空间分辨率	9 cm×100 m（35 mm）
视场角	26°×35 mm
A/D 转换	12 bits
最大帧频	100 fps
成像方式	非内置推扫，采用外置推扫连续成像，采集画幅无限制，扫描路线一次成图，影像无畸变

根据北京智科远达数据技术有限公司研制的 ZK-VNIR-FPG480 高光谱成像仪的技术指标，总结出此成像仪所采集的数据具有如下特点。

1. 光谱分辨率高

谱段范围为 400 ~ 1000 nm，光谱分辨率达到 2.8 nm，光谱分辨率高。成像仪为线阵列推扫成像，在瞬时成像时保证了某点光谱的准确性。

图 2-2 为 ZK-VNIR-FPG480 高光谱成像仪展示图。

图 2-2　ZK-VNIR-FPG480 高光谱成像仪

2. 数据量大

采集的数据有 270 个波段，成像仪对同一目标所采集的影像相当于对目标成 270 幅图像，因此得到的图像数据量非常大。

3. 影像畸变小

采集的数据存在畸变，但航带对应特征间具有较小的旋转量和缩放量，影像质量较好。

4. 无航向重叠，旁向重叠率低

成像仪在采集数据时未设置航向重叠度，因此一条航带可直接根据拍摄时间进行顺序拼接，但旁向重叠率设置得较低，普通无人机的旁向重叠率高达 70%，而 ZK-VNIR-FPG480 高光谱成像仪拍摄的影像旁向重叠只有 30% 左右。

5. 定位精度高

普通无人机上搭载的定位装置大都为精度较低的 POS 系统，原始的 POS 数据通常含有大量粗差，实验所用无人机上搭载的是 RTK 系统，采用差分 GPS 技术，定位精度更高。

第二节　无人机高光谱数据采集及预处理

外场数据采集主要利用无人机搭载高光谱成像仪对作业区域进行高光谱数据获取，机上实时存储，待飞机返航后进行数据下载。高光谱外场数据采集工作流程相对比较复杂，主要包括现场勘测、航线规划、设备安装、采集参数设置、靶标摆放、基站部署、飞行控制等多项工作，工作流程如图 2-3 所示。首先布设靶标布和 RTK 基站，然后再将 ZK-VNIR-FPG480 高光谱成像仪与大疆 M600 PRO 无人机进行固定安装，借助测光板进行帧频、曝光时间等参数设置，启动数据采集程序，无人机起飞，按照规划的航线在样地进行高光谱数据采集。飞行航线要保证能够采集到地面布设的靶标。

采集到的原始高光谱数据需要进行预处理才能供后续使用，预处理的内容主要是对外场采集的原始数据进行辐射校正、光谱定标和反射率计算，数据预处理流程如图 2-4 所示。

辐射校正主要包括中心波长位置定标及光谱辐射度定标，确定各谱段图像的中心波长，以及确定各谱段的光谱响应与真实光谱辐亮度间的对应关系，从而保证光谱数据的应用精度。

光谱定标主要包括去除暗像元、相对定标、绝对定标、光谱定标等过程，并生成相应的定标文件。首先，通过加载暗像元文件和相对定标文件对机载高光谱成像仪采集到的原始数据进行定标校正，以消除高光谱成像仪设备对光谱数据质量的影响；其次，通过光谱定标文件，对获取的数据进行光谱标定。

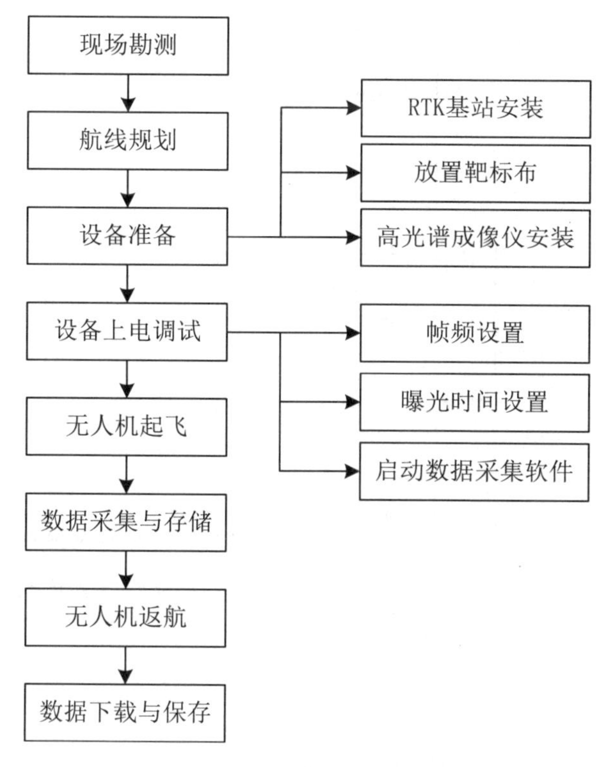

图 2-3　高光谱外场数据采集流程

反射率计算主要通过地面布设反射率白板，获取白板的参考光谱，进而通过公式（2-1）得到地物目标的反射率光谱。

$$R_\lambda = \frac{S_\lambda - D_\lambda}{T_\lambda - D_\lambda} \times 100\% \qquad (2\text{-}1)$$

式中，S_λ 为高光谱成像仪获取的地物光谱；D_λ 为仪器的暗噪声光强；T_λ 为反射率白板的参考光谱。

为实现对轻小型无人机载高光谱影像进行无缝拼接，获得整个研究区域的高几何定位精度和高光谱保真性的高光谱反射率数据，本书使用的实验数据均由ZK-VNIR-FPG480 高光谱成像仪所拍摄，无航向重叠，因此一条航带上的影像只需按顺序衔接，本书的实验只研究有旁向重叠的航带间的拼接。选用城区、河道、林地这三类影像来代表获取影像时地域的一般情况。

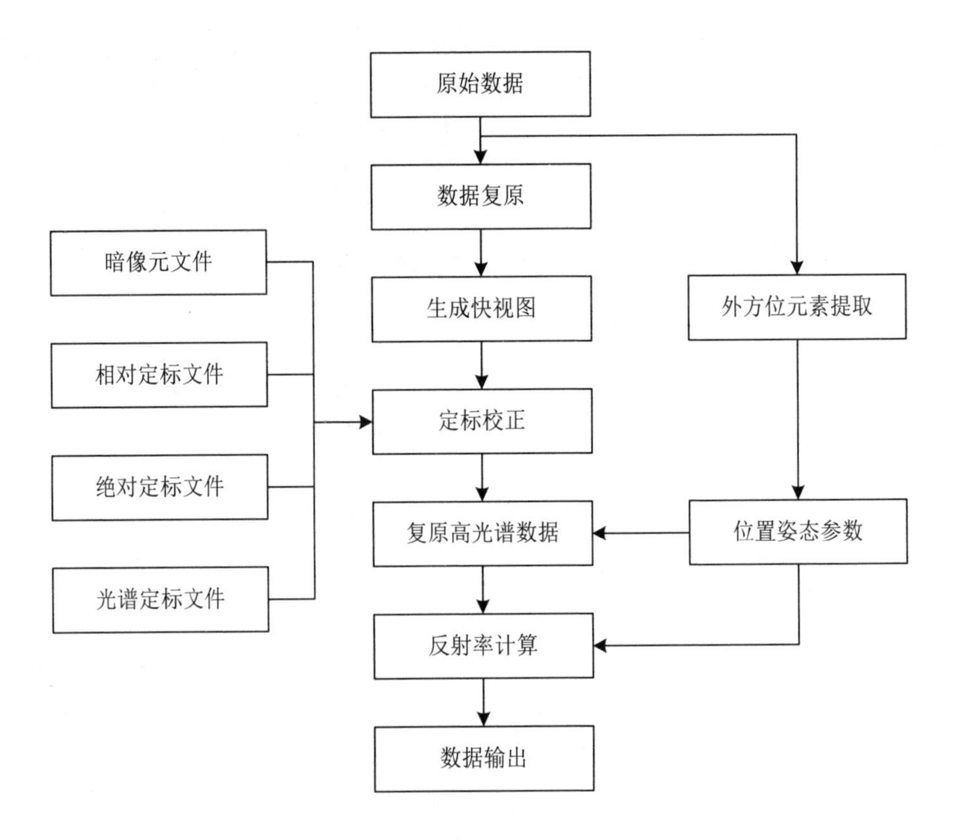

图 2-4　高光谱数据的预处理流程

1. 城区数据

城区数据为云南某地区的高光谱影像，飞行高度为 200 m，空间分辨率为 0.4 m，影像的谱段范围为 412.6 ~ 1 011.4 nm，共 270 个波段，试验区面积约为 960 m×300 m，共两条航带，航带重叠率约为 30%，数据量为 2.60 GB，如图 2-5 所示。

（a）

（b）

图 2-5　城区真彩色合成图像（波段 103，63，27）

（a）航带 1；（b）航带 2

2. 河道数据

河道数据为山东某河道的高光谱影像，飞行高度为 120 m，空间分辨率为 0.24 m，影像的谱段范围为 412.6 ~ 1 011.4 nm，共 270 个波段，试验区河道长度约为 1.1 km，河宽约 68 m，共两条航带，航带重叠率约为 50%，数据量为 6.81 GB，如图 2-6 所示。

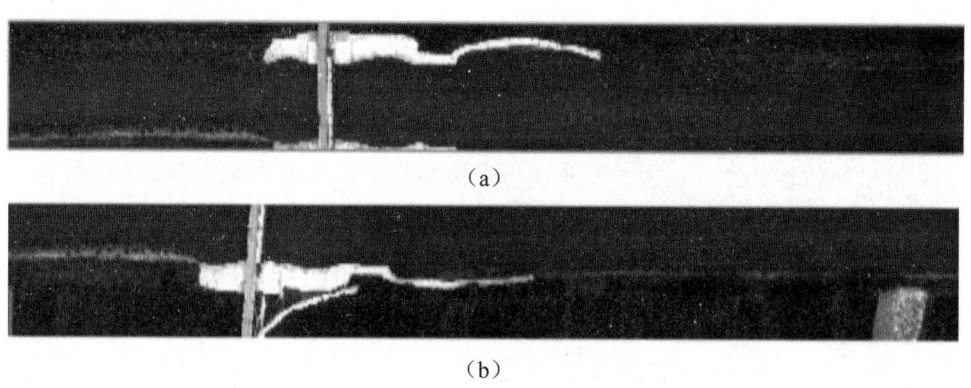

（a）

（b）

图 2-6　河道真彩色合成图像（波段 103，63，27）

（a）航带 1；（b）航带 2

3. 林地数据

林地数据为广州某林地的高光谱数据，飞行高度为 90 m，空间分辨率为 0.18 m，影像的谱段范围为 412.6 ~ 1 011.4 nm，共 270 个波段，试验区面积约为 170 m × 535 m，共两条航带，航带重叠率为 20%，数据量为 3.06 GB，如图 2-7 所示。

（a）

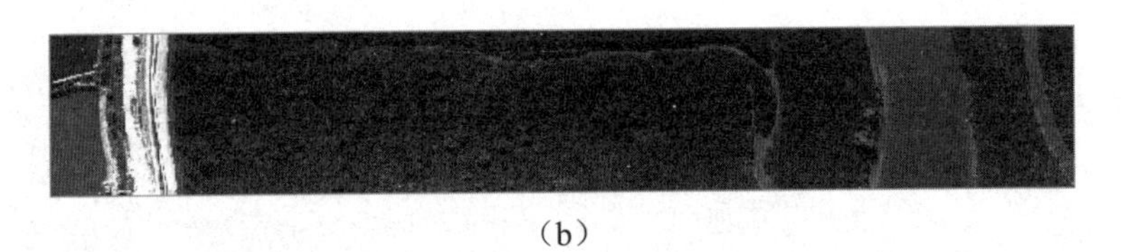

（b）

图 2-7　林地真彩色合成图像（波段 103，63，27）

（a）航带 1；（b）航带 2

本书在后续将介绍无人机高光谱反射率数据拼接中的各个关键技术，包括几何校正技术、图像配准和图像融合等，并针对三类影像（城区影像、河道影像、林地影像）探究各自适合的拼接方案，旨在将无人机拍摄的单张高光谱影像拼接成一幅完整的带有地理坐标的全景图，并实现影像几何和光谱上的匹配。具体研究内容如下所述。

（1）对基于控制点信息的几何校正和基于导航信息的几何校正算法进行深入研究，根据两种方法的优缺点将两种方法结合起来，通过实验比较这三种方法几何校正的校正精度，以确定三种方法的适用性及适用范围。

（2）分析图像配准中的相位相关法与 SIFT 算法的原理，比较两种算法的性能。对于相位相关法，引入 2 幂子图像以提高算法的准确性与速度，同时改进了现有的相位相关法，进一步提高了算法的鲁棒性；对于 SIFT 算法检测得到的特征点，在进行匹配时，先使用最小距离法进行粗匹配，再引入 RANSAC 算法剔除误匹配点，通过 Matlab 和 Python 平台对上述算法进行编程实现，并分别将其应用于城区、河道和林地的无人机高光谱影像上，评价它们对于不同类型的高光谱影像的适用性。

（3）总结图像融合方法中常用的几种方法：直接平均融合、加权平均融合、最佳缝合线融合、小波变换融合，并分析其优缺点，并确定了加权平均融合和最佳缝合线融合适用于无人机高光谱影像的融合，通过实验分析它们对于不同类型的影像的适用性，并通过光谱角余弦、光谱相关系数、光谱信息散度和欧氏距离对融合前后光谱保真性进行评价。

（4）针对城区、河道和林地三种高光谱影像，分析影像特点，提出针对这三类地物的高光谱影像拼接方案，并将其应用到各遥感应用项目如红树林群落物种分类、河道水质监测等。

总体技术路线如图 2-8 所示。

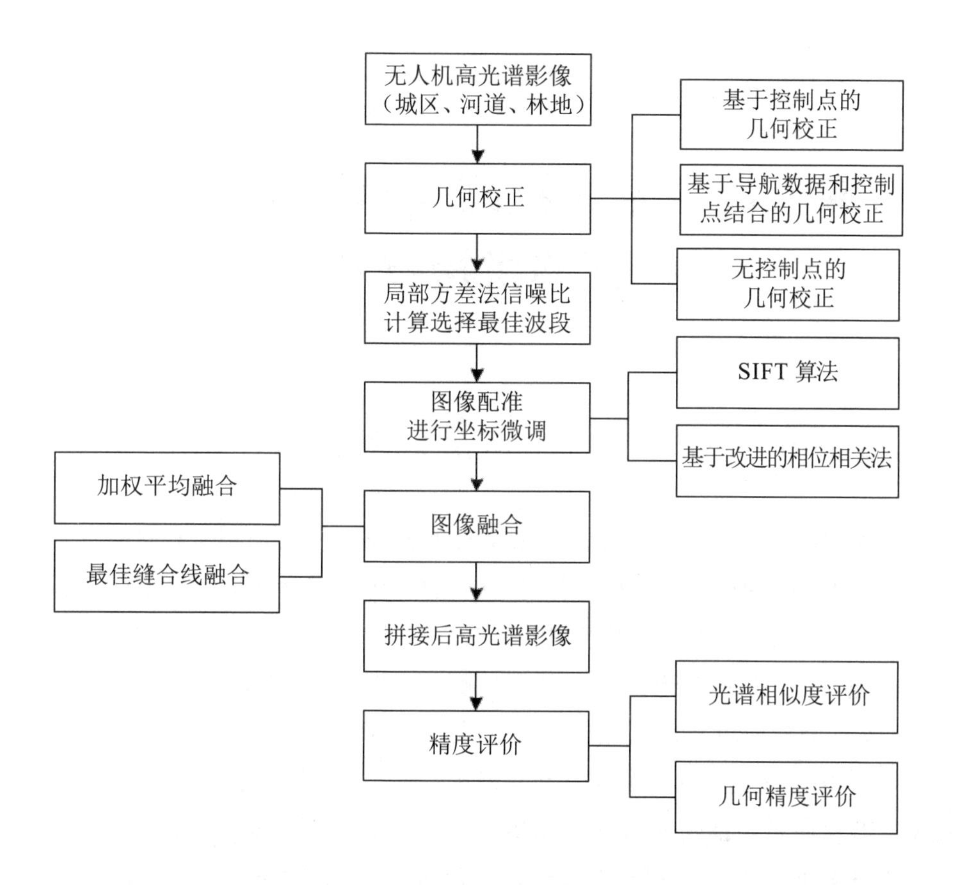

图 2-8 技术路线图

无人机拍摄的原始高光谱影像是没有地理坐标的，为了赋予影像真实的地理坐标，同时纠正影像中存在的轻微的旋转和缩放现象，需要先对影像进行几何粗纠正，然后根据获取控制点的数量选择不同的几何精校正方法进一步提升定位精度，接着选择常用的 SIFT 算法与相位相关法对几何精校正后的影像进行坐标微调，进一步消除影像间的错位现象，最后将两张影像的重叠区域进行融合。考虑到高光谱影像波段多，对所有波段都运用影像配准算法进行拼接显然是不可行的，且有些波段存在噪声，为了保证配准的精度，需要在高光谱的众多波段中选择一个最佳波段参与运算，因此将信噪比作为评价指标进行波段选择。针对地物复杂度不同的影像采取不同的融合方法，从而得到一幅完整的带有地理坐标的全景图。通过从光谱相似度和几何精度两方面对拼接的高光谱影像进行评价，发现本拼接方法得到的影像具有较好的视觉效果和较高的光谱保真性，验证了本书所用拼接方案的可靠性。

第三章　无人机高光谱反射率数据无缝拼接技术

第一节　无人机高光谱反射率数据几何粗校正

导航定位与姿态测量系统（Position and Orientation System，POS）由动态差分 GPS、惯性测量装置、主控计算机系统以及相应的后处理软件四部分组成，可以在传感器成像时实时测量其位置和姿态，不用地面控制点就可以实现获取影像的几何粗校正。但因为无人机的载重有限，携带传统的 POS 系统定位定姿精度较低，如果直接利用 POS 数据进行影像拼接，在拼接处会出现明显的错位现象。本研究所用的 ZK-VNIR-FPG 480 高光谱成像仪上所搭载的定位系统为 Sky2 机载型 GNSS 接收机，基站为 GBase GNSS 无人机 RTK 专业基准站，该接收机相比于传统的 POS 系统具有更小的体积、更轻的质量和更高的精度，更适合在无人机上使用。

一、Sky2 机载型 GNSS 接收机介绍

Sky2 尺寸为 126 mm × 67 mm × 24 mm，质量 250 g。Sky2 采用高动态接收机板卡，即使在 100 km/hr 的高速状态下也能达到高精度差分定位；接入双 GNSS 天线，可提供高精度定位定向信息，保证无人机的精确自驾。Sky2 广泛应用于实时定位定向导航的无人机行业、电力巡检、交通高精度自主导航等行业。图 3-1（a）为 Sky2 的主机，图 3-1（b）为 GNSS 卫星接收天线，其技术指标见表 3-1。

GBase GNSS 接收机为无人机 RTK 专业基准站，镁合金结构，Linux 操作系统，结合 Wi-Fi 传感器，实现轻巧、智能、方便使用，其技术指标见表 3-2。

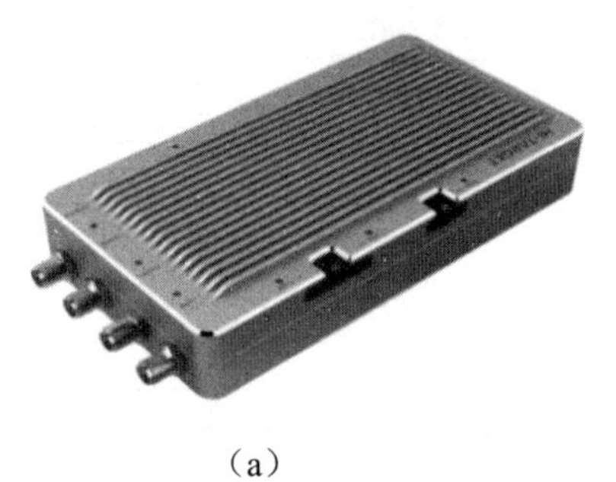

（a）

（b）

图 3-1　Sky2 设备

（a）Sky2 主机；（b）GNSS 卫星接收天线

表 3-1　Sky2 技术指标

技术指标	细分指标	具体数值
信号跟踪	GPS	L1、L2
	GLONASS	L1、L2
	BDS	B1、B2
	GALILEO	E1、E5b
精度和可靠性	RTK 定位精度	平面：±1 cm + 1×10^{-6}
		高程：±2 cm + 1×10^{-6}
	RTK 定向精度	0.08° @2 米基线
	初始化时间	＜ 50 s
	初始化可靠性	＞ 99.9%
数据管理	数据存储	内存：8 GB
	定位输出	1 Hz、2 Hz、5 Hz、10 Hz、20 Hz
	差分支持	RTCM2.3、3.0、3.2
	输出格式支持	NMEA-0183、二进制数据格式
物理特性	输入电压	直流 7 ~ 30 V
	功耗	3.6 W（电台差分固定解）
		4.5 W（GSM 网络差分固定解）
	尺寸	长 × 宽 × 高：126 mm × 67 mm × 24 mm
	材料	铝合金
	质量	250 g

表 3-2　GBase GNSS 接收机技术指标

技术指标	细分指标	具体数值
系统配置	操作系统	Linux 操作系统
	处理器	CotexA8
	系统启动时间	1 s
	数据存储	内置 16 GB 数据存储、支持 SD 卡扩展
信号跟踪	GPS	L1、L2
	GLONASS	L1、L2
	BDS	B1、B2
精度和可靠性	RTK 定位精度	平面：$\pm 1\ \mathrm{cm} + 1\times 10^{-6}$
		高程：$\pm 2\ \mathrm{cm} + 1\times 10^{-6}$
	初始化时间	50 s
	初始化可靠性	＞ 99.9%
数据管理	数据存储	内存：8 GB
	定位输出	1 Hz、2 Hz、5 Hz、10 Hz、20 Hz
	差分支持	RTCM3.0、RTCM3.2
	输出格式支持	NMEA-0183
电台参数	功率	最大功率 1 W
	关键参数	传输距离：地对空传输距离 6 km， 空中波特率 172.8 Kb/s，灵敏度 -108 dBm

无人机在飞行时，定位系统的工作原理如图 3-2 所示。

二、基于导航数据的几何校正原理

研究所用的高光谱成像仪用线阵列探测器进行扫描，导航系统也按照每行的顺序自动记录下相对应的飞行位置和姿态参数，这些被记录的信息被保存到后缀为 .xml 的导航数据文件中。

如图 3-3 所示，<entry nindex> 表示行号，<roll> 表示旁向倾角，<pitch> 表示航向倾角，<heading> 表示像片旋角，<lon> 表示经度，<lat> 表示纬度，<height> 表示高程。从导航数据文件中可以获取无人机在影像某行上摄影中心的飞行姿态参数、经纬度坐标和高程信息。下面将介绍基于导航数据的几何校正原理。

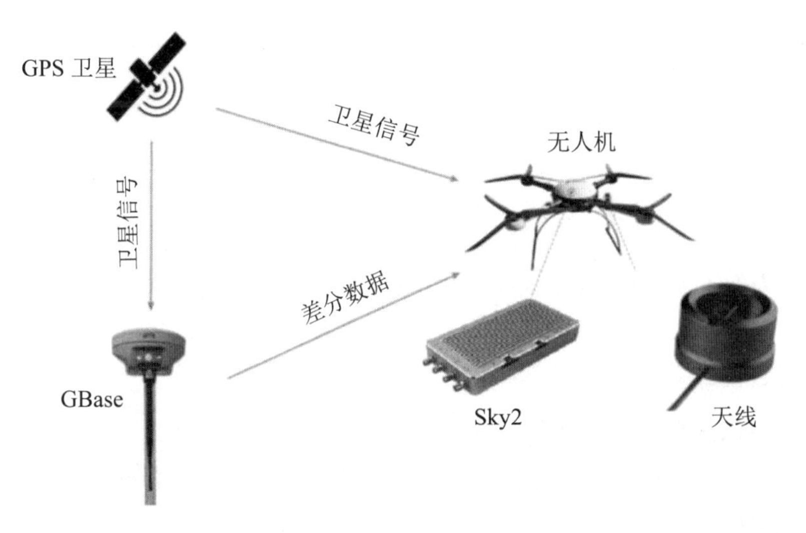

图 3-2　无人机定位系统的工作原理

</entry>
<entry nindex="16">
<roll> 0.0000</roll><pitch> 0.0000</pitch><heading>180.7923</heading><lon>116.4988398797</lon><lat>37.5989537803</lat><height>137.2583</height>
</entry>
<entry nindex="17">
<roll> 0.0000</roll><pitch> 0.0000</pitch><heading>180.8324</heading><lon>116.4988415495</lon><lat>37.5989537611</lat><height>137.2593</height>
</entry>
<entry nindex="18">
<roll> 0.0000</roll><pitch> 0.0000</pitch><heading>180.8743</heading><lon>116.4988432193</lon><lat>37.5989537420</lat><height>137.2599</height>
</entry>
<entry nindex="19">
<roll> 0.0000</roll><pitch> 0.0000</pitch><heading>180.9142</heading><lon>116.4988448890</lon><lat>37.5989537229</lat><height>137.2600</height>
</entry>
<entry nindex="20">
<roll> 0.0000</roll><pitch> 0.0000</pitch><heading>180.9485</heading><lon>116.4988465588</lon><lat>37.5989537038</lat><height>137.2600</height>
</entry>
<entry nindex="21">
<roll> 0.0000</roll><pitch> 0.0000</pitch><heading>180.9732</heading><lon>116.4988482286</lon><lat>37.5989536847</lat><height>137.2600</height>
</entry>
<entry nindex="22">
<roll> 0.0000</roll><pitch> 0.0000</pitch><heading>180.9847</heading><lon>116.4988498984</lon><lat>37.5989536656</lat><height>137.2600</height>
</entry>
<entry nindex="23">
<roll> 0.0000</roll><pitch> 0.0000</pitch><heading>180.9836</heading><lon>116.4988515682</lon><lat>37.5989536465</lat><height>137.2600</height>
</entry>
<entry nindex="24">
<roll> 0.0000</roll><pitch> 0.0000</pitch><heading>180.9779</heading><lon>116.4988532380</lon><lat>37.5989536274</lat><height>137.2600</height>
</entry>
<entry nindex="25">
<roll> 0.0000</roll><pitch> 0.0000</pitch><heading>180.9686</heading><lon>116.4988549078</lon><lat>37.5989536083</lat><height>137.2600</height>

图 3-3　导航数据文件

1. 经纬度转换大地坐标

由于导航文件中记录的坐标为大地经纬度坐标，而坐标转换都是以平面坐标为基础的，因此需要将大地经纬度坐标转换为高斯平面直角坐标。高斯投影坐标正算公式为

$$\begin{cases} y = lN\cos B + \dfrac{l^3}{6}N\cos^3 B(1-t^2+\eta^2) + \\ \dfrac{l^5}{120}N\cos^5 B\cdot(5-18t^2+t^4+14\eta^2-58\eta^2t^2) \\ x = X + \dfrac{l^2}{2}N\sin B\cos B + \dfrac{l^2}{24}N\sin B\cos^3 B\cdot(5-t^2+9\eta^2+4\eta^4) + \\ \dfrac{l^6}{720}N\sin B\cos^5 B(61-58t^2+t^4) \end{cases} \tag{3-1}$$

式中，B 为像点大地纬度；l 为像点与中央子午线间的经差；X 为由赤道至纬度 B 的子午弧长；N 为卯酉圈曲率半径；$t=\tan B$；$\eta=e'\cos B$。

2. 像点坐标的变换

为了将像点坐标转换成为大地平面坐标，首先需要选择合适的坐标系来描述像点和地面点，然后才能通过坐标系变换求得像点对应的地面点坐标，其中涉及多种坐标系的变换。

（1）像平面坐标到像空间坐标转换。

设影像上某点 A 的像平面坐标为 (x_{xp}, y_{xp})，则

$$\begin{cases} x_{xp} = ix - wd/2 \\ y_{xp} = ht/2 - iy \end{cases} \tag{3-2}$$

式中：ix、iy 为像点 A 所在影像的行列号；wd、ht 分别为影像的长度和宽度。那么 A 点在像空间坐标系中的坐标 (x, y, z) 为

$$\begin{cases} x = x_{xp} \\ y = y_{xp} \\ z = -f \end{cases} \tag{3-3}$$

式中：f 为焦距。

（2）像空间坐标到像空间辅助坐标变换。

像空间标系中的 A 点在像空间辅助坐标系的坐标 (u, v, w) 为

$$\begin{bmatrix} u \\ v \\ w \end{bmatrix} = \begin{bmatrix} a_1 & a_2 & a_3 \\ b_1 & b_2 & b_3 \\ c_1 & c_2 & c_3 \end{bmatrix} \begin{bmatrix} x \\ y \\ -f \end{bmatrix} = \boldsymbol{R} \begin{bmatrix} x \\ y \\ -f \end{bmatrix} \tag{3-4}$$

式中：**R** 为旋转矩阵，a_i、b_i、c_i 的值可由下式得到：

$$
\begin{aligned}
a_1 &= \cos\varphi\cos k - \sin\varphi\sin\omega\sin k \\
a_2 &= -\cos\varphi\sin k - \sin\varphi\sin\omega\cos k \\
a_3 &= -\sin\varphi\cos\omega \\
b_1 &= \cos\omega\sin k \\
b_2 &= \cos\omega\cos k \\
b_3 &= -\sin\omega \\
c_1 &= \sin\varphi\cos k + \cos\varphi\sin\omega\sin k \\
c_2 &= -\sin\varphi\sin k + \cos\varphi\sin\omega\cos k \\
c_3 &= \cos\varphi\cos\omega
\end{aligned} \tag{3-5}
$$

式中：φ、ω、k 为 3 个外方位角元素，可由导航数据文件得到。

（3）像空间辅助坐标到地面坐标变换。

设摄影中心 S 与地面点 A 在地面摄影测量坐标系 $D-X_{tp}Y_{tp}Z_{tp}$ 中的坐标分别为 X_S、Y_S、Z_S 和 X_A、Y_A、Z_A，则地面点 A 在像空间辅助坐标系中的坐标为 X_A-X_S、Y_A-Y_S、Z_A-Z_S，而相应像点 a 在像空间辅助坐标系中的坐标为 u、v、w。由于 S、a、A 三点共线，因此，从相似三角形关系得：

$$
\frac{u}{X_A-X_S}=\frac{v}{Y_A-Y_S}=\frac{w}{Z_A-Z_S}=\frac{1}{\lambda} \tag{3-6}
$$

式中：λ 为比例因子，其矩阵形式为

$$
\begin{bmatrix} X \\ Y \\ Z \end{bmatrix}=\frac{1}{\lambda}\begin{bmatrix} X_A-X_S \\ X_A-X_S \\ X_A-X_S \end{bmatrix} \tag{3-7}
$$

由式（3-7）可得其逆变换式

$$
\begin{bmatrix} x \\ y \\ -f \end{bmatrix}=\begin{bmatrix} a_1 & b_1 & c_1 \\ a_2 & b_2 & c_2 \\ a_3 & b_3 & c_3 \end{bmatrix}\begin{bmatrix} X \\ Y \\ Z \end{bmatrix} \tag{3-8}
$$

将式（3-7）代入式（3-8），并用式（3-8）中第三式去除第一、二式得

$$
\begin{cases}
x=-f\dfrac{a_1(X_A-X_S)+b_1(Y_A-Y_S)+c_1(Z_A-Z_S)}{a_3(X_A-X_S)+b_3(Y_A-Y_S)+c_3(Z_A-Z_S)} \\
y=-f\dfrac{a_2(X_A-X_S)+b_2(Y_A-Y_S)+c_2(Z_A-Z_S)}{a_3(X_A-X_S)+b_3(Y_A-Y_S)+c_3(Z_A-Z_S)}
\end{cases} \tag{3-9}
$$

式（3-9）就是中心投影构像的基本公式，即共线方程，其逆算公式为

$$\begin{cases} X_A - X_S = (Z_A - Z_S)\dfrac{a_1x + a_2y - a_3f}{c_1x + c_2y - c_3f} \\ Y_A - Y_S = (Z_A - Z_S)\dfrac{b_1x + b_2y - b_3f}{c_1x + c_2y - c_3f} \end{cases} \tag{3-10}$$

根据相机检校报告可以获得影像 f 的值，通过导航数据可以获得影像的外方位元素，从而获得 (X_S, Y_S, Z_S) 和 a_i、b_i、c_i 的值，因此，利用共线方程即可实现基于 GPS 数据的几何校正。

（三）基于导航数据的几何粗校正过程

无人机高光谱影像进行基于导航数据的几何粗校正的过程如下所述。

（1）从导航数据中获取影像的外方位元素，包括三个角元素 φ、ω、k 和三个线元素 (X, Y, Z)，从相机检校报告中获取影像的内方位元素，包括像主点 o 在像片框标坐标系中的坐标 (x_o, y_o) 和焦距 f，获取影像的地面分辨率 res、原始影像的列数 w 和行数 h。

（2）根据式（3-1）将导航数据中的经纬度转换成大地坐标。

（3）根据图 3-4 中的几何关系可知，计算影像上 4 个角点的像平面坐标，计算公式为

$$\begin{cases} A:\left(-(\dfrac{w}{2} + x_o), \dfrac{h}{2} - y_o\right) \\ B:\left(\dfrac{w}{2} - x_o, \dfrac{h}{2} - y_o\right) \\ C:\left(\dfrac{w}{2} - x_o, -(\dfrac{h}{2} + y_o)\right) \\ D:\left(-(\dfrac{w}{2} + x_o), -(\dfrac{h}{2} + y_o)\right) \end{cases} \tag{3-11}$$

（4）根据 4 个角点的像平面坐标，利用式（3-10）求出对应地面点的大地坐标，分别记为 (X_A, Y_A, Z_A)、(X_B, Y_B, Z_B)、(X_C, Y_C, Z_C)、(X_D, Y_D, Z_D)，由于缺少 DEM 等地形数据，本研究假设投影到水平地面，将 4 个点的 Z 坐标值定义为 0。

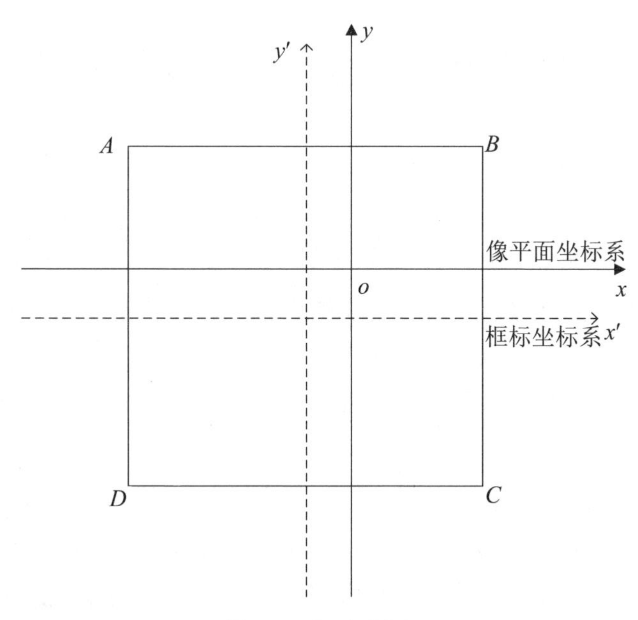

图 3-4　像平面坐标

（5）确定校正后影像的边界范围。边界范围确定过程如下：

①将原始影像的 4 个角点 a、b、c、d 的坐标按曲面样条函数转换为地图坐标，得到 8 个新的坐标值：

$$(X'_a,Y'_a),\ (X'_b,Y'_b),\ (X'_c,Y'_c),\ (X'_d,Y'_d) \tag{3-12}$$

②对这 8 个坐标值按公式（3-12）分别求其最小值 (X_1, Y_1) 和最大值 (X_2, Y_2)。

$$\begin{cases} X_1 = \min(X'_a, X'_b, X'_c, X'_d) \\ X_2 = \max(X'_a, X'_b, X'_c, X'_d) \\ Y_1 = \min(Y'_a, Y'_b, Y'_c, Y'_d) \\ Y_2 = \max(Y'_a, Y'_b, Y'_c, Y'_d) \end{cases} \tag{3-13}$$

（6）采用间接法方案利用共线方程把原始高光谱影像逐波段逐像素变换到地面坐标系中去。

（7）采用双线性内插法对高光谱影像进行像素值的重采样。

基于导航数据的几何粗校正脱离了控制点，其过程是全自动化的，但其校正精度依赖于导航系统的定位定姿精度，因此其校正精度往往要低于基于控制点的几何校正精度。

第二节 单航带高光谱反射率数据几何精校正

线阵列推扫式高光谱成像仪能获取单条航带上连续的高光谱影像，经过影像预处理（几何粗校正和辐射校正）后，可以得到每一条航带的高光谱反射率数据。在不同航带间，存在30%～50%的旁向重叠区，由于不同航带上飞行方向不同，飞机的姿态存在一些偏差，导致几何粗校正后不同航带间同名点的几何位置也存在偏差，这给无缝拼接不同航带的无人机高光谱反射率数据造成了困难。为降低不同航带数据的几何畸变及误差，需要对不同航带的高光谱反射率数据进行几何精校正。

基于控制点的几何精校正的基本原理是直接利用地面控制点数据对遥感图像的几何畸变本身进行数学模拟，以此建立原始图像与地面坐标的某种对应关系，然后利用这种对应关系来消除原始影像的畸变，并将其坐标变换到地面坐标系中。基于控制点的几何校正方法有很多，目前常用的方法有基于仿射变换的几何校正、非线性变换基于投影变换的几何校正、基于多项式的几何校正和基于非线性变换的几何校正等。

曲面样条函数是非线性变换函数中的一种，将曲面样条函数应用于高光谱影像的几何校正，在求解函数参数时，只需要输入不少于三个的控制点，就能够得到任意阶可微的光滑曲面，同时可以通过改变参数的值来得到不同的光滑曲面。基于仿射变换、投影变换、多项式变换的几何校正方法虽然运算量小，但是由于采用了最小二乘原理，校正后图像中控制点的位置始终与输入控制点的位置存在偏差。曲面样条函数法对高光谱影像进行校正时，校正后的控制点与原始控制点数值吻合，它不仅可得到较高的校正精度，还能保证图像得到准确的拉伸，为后续图像配准的实现提供条件。

一、曲面样条函数法的原理

曲面样条函数的表达式：

$$W(x,y)=a_0+a_1x+a_2y+\sum_{i=1}^{n}F_ir_i^2\ln(r_i^2+\varepsilon) \tag{3-14}$$

式中：a_0、a_1、a_2、F_i（$i=1,2,\cdots,n$）为待定系数；$r_i^2=(x-x_i)^2+(y-y_i)^2$；$\varepsilon$为调节曲面曲率的经验参数，它的值要根据实际情况来确定，一般地，对于畸变

较小的曲面，取 $\varepsilon=0.01\sim1$，对于畸变较大的曲面，取 $\varepsilon=10^{-6}\sim10^{-5}$。

这里有 $n+3$ 个未知数 F_i（$i=1,2,\cdots,n$），a_0、a_1、a_2，可以通过下列方程组求得：

$$\begin{cases} W_j = a_0 + a_1 x_j + a_2 y_j + \sum_{i=1}^{n} F_i r_{ij}^2 \ln(r_{ij}^2 + \varepsilon) \\ \sum_{i=1}^{n} F_i = 0 \\ \sum_{i=1}^{n} x_i F_i = 0 \\ \sum_{i=1}^{n} y_i F_i = 0 \end{cases} \tag{3-15}$$

由式（3-14）得到的曲面经过原始的已知点，如果不想让曲面通过已知点，可以利用式（3-15）。

$$\begin{cases} W_j = a_0 + a_1 x_j + a_2 y_j + \sum_{i=1}^{n} F_i r_{ij}^2 \ln(r_{ij}^2 + \varepsilon) + C_j F_j \\ \sum_{i=1}^{n} F_i = 0 \\ \sum_{i=1}^{n} x_i F_i = 0 \\ \sum_{i=1}^{n} y_i F_i = 0 \end{cases} \tag{3-16}$$

式中：$C_j = 16\pi D / k_j$，k_j 是关于点 j 的弹性系数，当 $k_j=\infty$ 时，$C_j=0$，此时就得到式（3-17）的函数。本章在几何校正的计算中，取 $C_j=0$，使利用曲面样条函数校正后的影像通过已知的控制点。

式（3-17）方程组的矩阵形式为

$$\boldsymbol{AX} = \boldsymbol{B} \tag{3-17}$$

其中，

$\boldsymbol{X} = (F_1, F_2, \cdots, F_n, a_0, a_1, a_2)^{\mathrm{T}}$；

$\boldsymbol{B} = (W_1, W_2, \cdots, W_n, 0, 0, 0)^{\mathrm{T}}$；

$$
\boldsymbol{A}=\begin{bmatrix}
C_1 & r_{12}^2\ln(r_{12}^2+\varepsilon) & \cdots & \cdots & r_{1n}^2\ln(r_{1n}^2+\varepsilon) & 1 & x_1 & y_1 \\
r_{12}^2\ln(r_{12}^2+\varepsilon) & C_2 & \cdots & \cdots & r_{2n}^2\ln(r_{2n}^2+\varepsilon) & 1 & x_2 & y_2 \\
\vdots & \vdots & \ddots & \cdots & \vdots & \vdots & \vdots & \vdots \\
\vdots & \vdots & \cdots & C_{n-1} & r_{n-1,n}^2\ln(r_{n-1,n}^2+\varepsilon) & 1 & x_{n-1} & y_{n-1} \\
r_{1n}^2\ln(r_{1n}^2+\varepsilon) & r_{2n}^2\ln(r_{2n}^2+\varepsilon) & \cdots & r_{n-1,n}^2\ln(r_{n-1,n}^2+\varepsilon) & C_n & 1 & x_n & y_n \\
1 & 1 & \cdots & 1 & 1 & 0 & 0 & 0 \\
x_1 & x_2 & \cdots & x_{n-1} & x_n & 0 & 0 & 0 \\
y_1 & y_2 & \cdots & y_{n-1} & y_n & 0 & 0 & 0
\end{bmatrix}
$$

这是一个对称方程组，可以利用 Household 变换法求解。曲面样条函数对曲面进行拟合时，有两个可以人为控制的参数 ε 和 C_j。ε 为调节曲面曲率的经验参数，ε 越大，细节信息越能够更好地保留，校正后的影像越容易出现畸变；当 ε 越小时，细节信息越容易丢失，校正后的影像曲面变化率越低，越不容易出现畸变。

C_j 是一个关于弹性系数的参数，C_j 可以取不同的值，从而对应了三种拟合方式：柔性拟合、弹性拟合和刚性拟合，不同拟合方式的性质如表 3-3 所示。

表 3-3　不同拟合方式的性质

拟合方式	曲面形状	是否通过控制点
柔性拟合	弯曲	通过
弹性拟合	弯曲	不通过
刚性拟合	近似平面	不通过

在实际应用中，当 $C_j=0$ 时拟合的曲面为柔性拟合曲面，其拟合后的曲面通过控制点，它的曲面变形最大，如图 3-5（a）所示；当 $C_j=\infty$ 时拟合的曲面为刚性拟合曲面，其拟合后的曲面不通过控制点，实际控制点的值满足到该曲面的距离平方和最小，它的曲面近似平面，是曲面变形最小的方式，如图 3-5（b）所示；介于两者之间的是弹性拟合曲面，其拟合后的曲面不通过控制点，类似于在力的作用下发生弹性形变的曲面。

二、基于曲面样条函数法的几何校正过程

无人机高光谱影像进行基于曲面样条函数法几何校正的过程如下所述。

（1）采集控制点的地图坐标与地理坐标，设地图坐标为(x_1, y_1)，(x_2, y_2)，…，(x_n, y_n)（$n \geqslant 3$）依次对应的地理坐标为(X_1, Y_1)，(X_2, Y_2)，…，(X_n, Y_n)。

（2）以(x_i, y_i, X_i)和(x_i, y_i, Y_i)（$i=1,2,\cdots,n$）两组数据为基础，分别求解地理横坐标和地理纵坐标的曲面样条函数的未知系数，从而得到地理横、纵坐标的曲面样条函数$W_X(x, y)$和$W_Y(x, y)$。

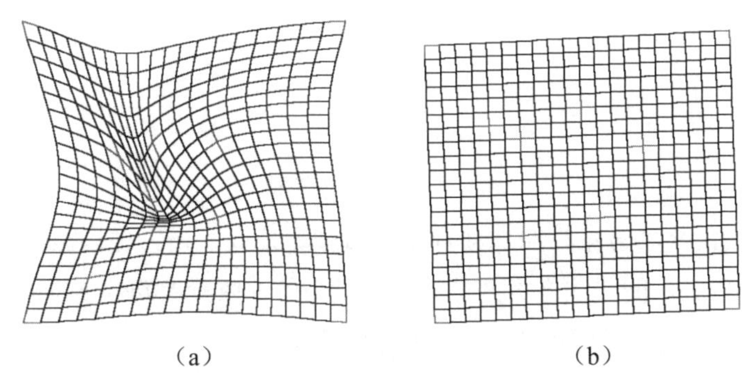

（a）　　　　　　　　　　（b）

图 3-5　不同弹性系数的变换示意图

（a）柔性拟和曲面变换；（b）刚性拟和曲面变换

（3）确定校正后影像的边界范围，具体过程如下所述。

①将原始影像的四个角点a、b、c、d的坐标按曲面样条函数转换为地图坐标，得到 8 个新的坐标值如式（3-12）所示。

②对这 8 个坐标值按式（3-13）分别求其最小值(X_1, Y_1)和最大值(X_2, Y_2)。

③确定校正后图像的总行数和总列数。以边界范围左上角（图 3-6）A点为校正后影像的坐标原点，以AC边为x'轴，代表图像行号；以AB边为y'轴，代表图像列号，设校正后影像一个像素代表的地面尺寸为ΔX，则影像的行ΔY列数为

$$\begin{cases} M = \dfrac{Y_2 - Y_1}{\Delta Y} + 1 \\ N = \dfrac{X_2 - X_1}{\Delta X} + 1 \end{cases} \tag{3-18}$$

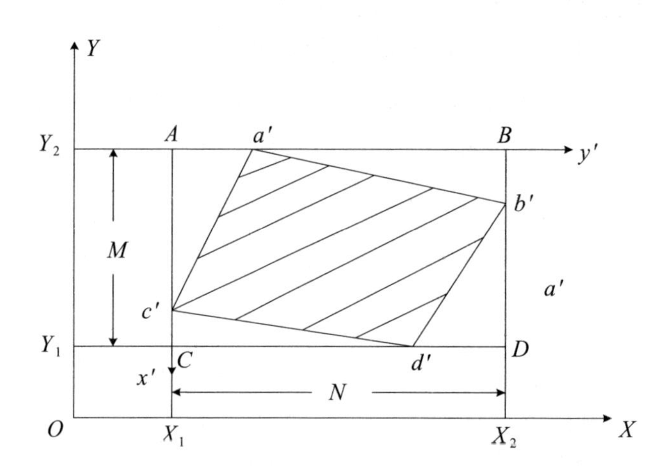

图 3-6　影像边界范围

（4）采用间接法方案按照曲面样条函数把原始高光谱影像逐波段逐像素变换到地面坐标系中去。间接法方案就是根据校正图像上像素点的位置反求在原始图像上对应像素点的位置，计算公式如式（3-19）所示。

$$
\begin{aligned}
x &= G_x(X,Y) \\
y &= G_y(X,Y)
\end{aligned}
\tag{3-19}
$$

式中：G_x 和 G_y 是曲面样条变换函数。然后把由式（3-19）所算得的原始图像像素点的亮度值取出再赋给变换图像上对应的位置。

（5）高光谱影像像素值的重采样。高光谱影像的数据量大，双线性内插法的计算较为简单，并具有较好的采样精度，因此采用双线性内插法对高光谱影像进行像素值的重采样。

曲面样条函数在校正时选用的控制点对其周围影像有较高的影响，如果某一控制点精度不高存在误差，就会导致影像出现局部变形的情况，且控制点的数量影响着校正的精度，因此曲面样条函数适用于便于布设控制点或地物特征丰富的影像。

三、几何校正精度评价指标

采用均值、中误差、平均绝对偏差、中位数绝对偏差、标准偏差和最大值评价标准对几何校正后的影像进行几何精度评价。设 (x_i, y_i) 为被检测点在校正影像上的地理坐标，(X_i, Y_i) 为同名检测点实际的地理坐标，$\Delta x_i = x_i - X_i$，$\Delta y_i = y_i - Y_i$。各个评价指标的计算公式如下所述。

（1）均值 u。

均值用于反映误差总体分布的集中趋势，其公式为

$$
\begin{aligned}
u_x &= \frac{1}{n}\sum_{i=1}^{n}\Delta x_i \\
u_y &= \frac{1}{n}\sum_{i=1}^{n}\Delta y_i \\
u_{xoy} &= \frac{u_x + u_y}{2}
\end{aligned}
\tag{3-20}
$$

式中：u_x、u_y、u_{xoy} 分别为 x 方向、y 方向和平面的误差均值，单位为 m。

（2）中误差 m。

中误差的大小反映了校正精度的高低，其公式为

$$
\begin{aligned}
m_x &= \pm\sqrt{\sum_{i=1}^{n}(\Delta x_i \Delta x_i)/n} \\
m_y &= \pm\sqrt{\sum_{i=1}^{n}(\Delta y_i \Delta y_i)/n} \\
m_{xoy} &= \pm\sqrt{m_x^2 + m_y^2}
\end{aligned}
\tag{3-21}
$$

式中：m_x、m_y、m_{xoy} 分别为 x 方向、y 方向和平面的中误差，单位为 m。

（3）平均绝对偏差 MAD。

平均绝对偏差表示测量值和真实值之间绝对误差的平均值，它能更好地反映误差的真实情况。平均绝对偏差的公式为

$$
\begin{aligned}
MAD_x &= \frac{\sum_{i=1}^{n}\left|\Delta x_i - u_x\right|}{n} \\
MAD_y &= \frac{\sum_{i=1}^{n}\left|\Delta y_i - u_y\right|}{n}
\end{aligned}
\tag{3-22}
$$

式中：MAD_x、MAD_y 分别为 x 方向、y 方向的平均绝对偏差，单位为 m。

（4）中位数绝对偏差 mAD。

中位数绝对偏差是一种鲁棒统计量，比标准差更能适应数据集中的异常值，少量的异常值不会影响最终的结果，其计算公式为

$$mAD_x = \text{median}\left(\left|\Delta x_i - \text{median}(\Delta x)\right|\right)$$
$$mAD_y = \text{median}\left(\left|\Delta y_i - \text{median}(\Delta y)\right|\right) \tag{3-23}$$

式中：mAD_x、mAD_y 分别为 x 方向、y 方向的中位数绝对偏差，单位为 m。

（5）标准偏差 σ。

标准偏差也称均方根误差，其大小反映了校正精度的高低，标准偏差的计算公式为

$$\sigma_x = \pm\sqrt{\frac{1}{n}\sum_{i=1}^{n}(\Delta x_i - u_x)^2}$$
$$\sigma_y = \pm\sqrt{\frac{1}{n}\sum_{i=1}^{n}(\Delta y_i - u_y)^2} \tag{3-24}$$
$$\sigma_{xoy} = \pm\sqrt{\sigma_x^2 + \sigma_y^2}$$

式中：σ_x、σ_y、σ_{xoy} 分别为 x 方向、y 方向和平面的标准偏差，单位为 m。

（6）最大值 max。

最大值的计算公式为

$$\max_x = \max\{|\Delta x_i|\}$$
$$\max_y = \max\{|\Delta y_i|\} \tag{3-25}$$

式中：$\max_x$、$\max_y$ 分别为 x 方向、y 方向的误差最大值，单位为 m。

四、几何校正实验及分析

1. 实验结果

由于原始数据过多，因此截取了河道数据航带 1 的一部分作为试验区。如图 3-7 所示，该影像的大小为 480 像元 × 5 090 像元，共 270 个波段，分辨率为 0.24 m。选取同一地区的分辨率为 0.3 m 的正射影像作为参考影像，对高光谱影像采用曲面样条函数法进行几何校正，共选取了 11 个控制点，控制点分布如图 3-8 所示，人工刺点精度在 1 个像素左右，校正结果如图 3-9 所示。

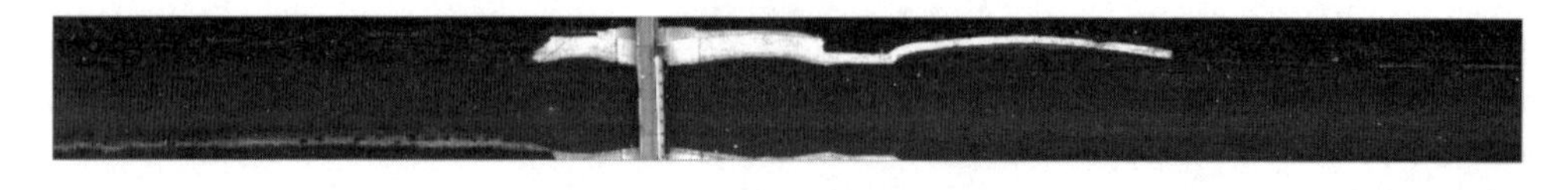

图 3-7　山东某河道数据

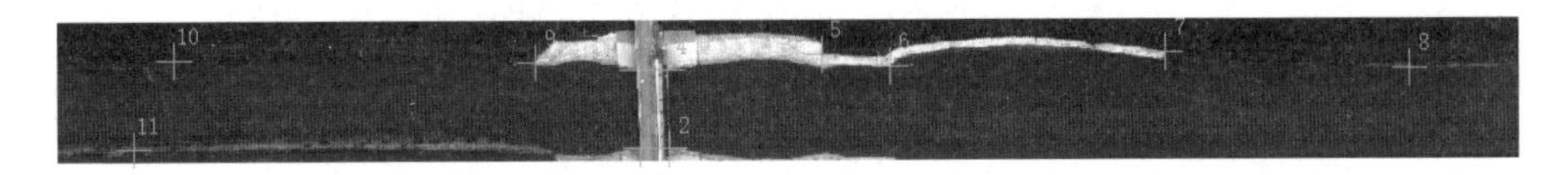

图 3-8　控制点分布图

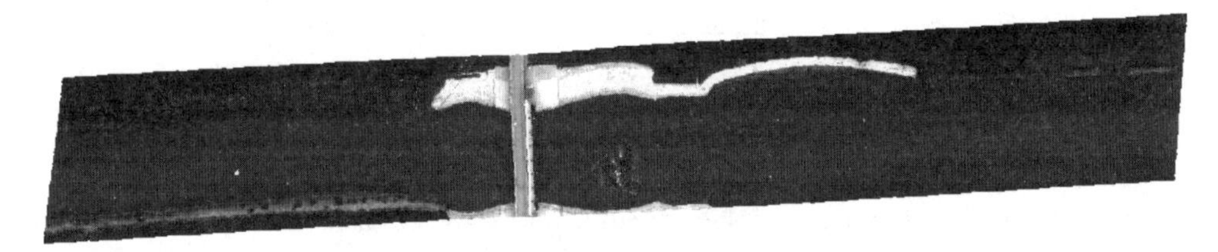

图 3-9　基于曲面样条函数法的校正结果

对该影像采用基于导航数据的几何校正方法，通过读取导航数据文件将影像一行一行地校正过来，校正结果如图 3-10 所示。

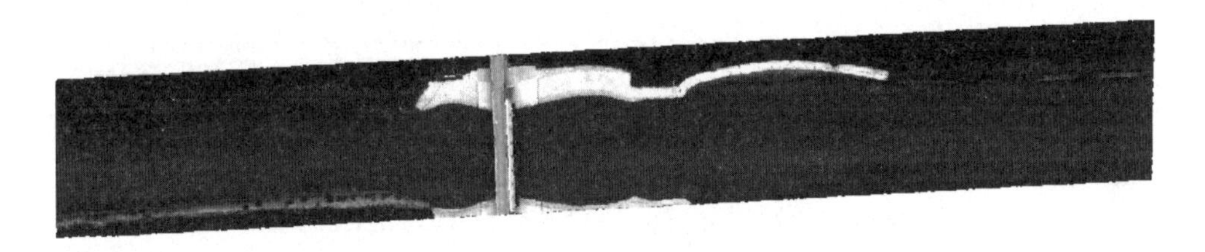

图 3-10　基于导航数据的校正结果

在基于导航数据的校正结果上选择 2、6、8、11 号控制点再进行基于曲面样条函数法的几何校正，校正结果如图 3-11 所示。

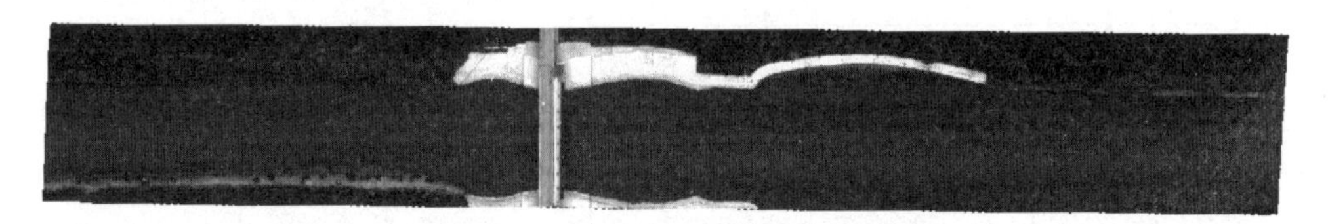

图 3-11　基于导航数据和控制点结合的几何校正结果

2. 结果分析

将正射影像的坐标当作真值，对校正后的影像进行精度评价。在正射影像上选取 10 个检验点（不同于控制点），分别统计基于曲面样条函数法的校正结果、基于导航数据的校正结果和基于导航数据和控制点的校正结果上对应同名点的坐标，统计结果分别如表 3-4、表 3-5 和表 3-6 所示。

表 3-4　曲面样条函数法校正同名点坐标

点号	曲面样条函数法几何校正坐标		实际地理坐标		残差	
	x/m	y/m	X/m	Y/m	Δx/m	Δy/m
1	456 011.226 9	4 161 529.341 1	456 011.295 5	4 161 530.451 1	−0.068 6	−1.110 0
2	456 054.119 6	4 161 535.002 0	456 053.636 4	4 161 535.122 8	0.483 2	−0.120 8
3	456 084.798 5	4 161 506.114 0	456 083.727 0	4 161 506.134 6	1.071 5	−0.020 6
4	456 146.036 5	4 161 441.282 8	456 146.801 0	4 161 441.127 8	−0.764 5	0.155 0
5	456 179.899 6	4 161 514.960 4	456 179.166 7	4 161 515.655 2	0.732 9	−0.694 8
6	456 064.931 6	4 161 500.856 3	456 065.163 5	4 161 502.943 7	−0.231 9	−2.087 4
7	456 085.111 7	4 161 533.870 6	456 084.020 8	4 161 536.693 8	1.090 9	−2.823 2
8	456 177.491 2	4 161 437.353 2	456 177.664 7	4 161 434.700 6	−0.173 5	2.652 6
9	455 808.078 7	4 161 519.852 5	455 808.373 6	4 161 519.164 4	−0.294 9	0.688 1
10	456 008.054 1	4 161 444.744 7	456 009.037 2	4 161 442.582 1	−0.983 1	2.162 6

表 3-5　基于导航数据校正同名点坐标

点号	基于 GPS 信息几何校正坐标		实际地理坐标		残差	
	x/m	y/m	X/m	Y/m	Δx/m	Δy/m
1	456 007.202 8	4 161 528.370 8	456 011.295 5	4 161 530.451 1	−4.092 7	−2.080 3
2	456 049.877 2	4 161 534.819 9	456 053.636 4	4 161 535.122 8	−3.759 2	−0.302 9
3	456 080.771 9	4 161 507.563 5	456 083.727 0	4 161 506.134 6	−2.955 1	1.428 9
4	456 143.414 9	4 161 442.753 1	456 146.801 0	4 161 441.127 8	−3.386 1	1.625 3
5	456 177.709 2	4 161 513.414 2	456 179.166 7	4 161 515.655 2	−1.457 5	−2.241 0
6	456 061.066 1	4 161 502.196 3	456 065.163 5	4 161 502.943 7	−4.097 4	−0.747 4
7	456 080.627 8	4 161 534.076 8	456 084.020 8	4 161 536.693 8	−3.393 0	−2.617 0
8	456 176.267 1	4 161 438.577 3	456 177.664 7	4 161 434.700 6	−1.397 6	3.876 7

续表

点号	基于 GPS 信息几何校正坐标		实际地理坐标		残差	
	x/m	*y*/m	*X*/m	*Y*/m	Δ*x*/m	Δ*y*/m
9	455 802.554 9	4 161 518.378 0	455 808.373 6	4 161 519.164 4	−5.818 7	−0.786 4
10	456 005.041 0	4 161 444.465 2	456 009.037 2	4 161 442.582 1	−3.996 2	1.883 1

表 3-6　基于导航数据和控制点结合校正同名点坐标

点号	几何校正坐标		实际地理坐标		残差	
	x/m	*y*/m	*X*/m	*Y*/m	Δ*x*/m	Δ*y*/m
1	456 007.923 5	4 161 529.350 2	456 011.295 5	4 161 530.451 1	−3.372 0	−1.100 9
2	456 051.197 8	4 161 535.616 0	456 053.636 4	4 161 535.122 8	−2.438 6	0.493 2
3	456 082.352 1	4 161 508.333 5	456 083.727 0	4 161 506.134 6	−1.374 9	2.198 9
4	456 146.291 2	4 161 441.941 2	456 146.801 0	4 161 441.127 8	−0.509 8	0.813 4
5	456 179.410 6	4 161 514.558 0	456 179.166 7	4 161 515.655 2	0.243 9	−1.097 2
6	456 064.850 6	4 161 502.861 5	456 065.163 5	4 161 502.943 7	−0.312 9	−0.082 2
7	456 081.913 4	4 161 535.560 2	456 084.020 8	4 161 536.693 8	−2.107 4	−1.133 6
8	456 178.352 3	4 161 437.847 5	456 177.664 7	4 161 434.700 6	0.687 6	3.146 9
9	455 806.921 1	4 161 516.846 0	455 808.373 6	4 161 519.164 4	−1.452 5	−2.318 4
10	456 007.120 4	4 161 443.824 3	456 009.037 2	4 161 442.582 1	−1.916 8	1.242 2

根据残差分别对三种校正方法进行精度评价，表 3-7、表 3-8 和表 3-9 为精度评价的结果统计表。从表中可以看出，基于曲面样条函数法校正的平面标准偏差为 1.757 4 m，基于导航数据校正的平面标准偏差为 2.634 7 m，基于导航数据和控制点结合校正的平面标准偏差为 2.009 1 m，基于曲面样条函数法校正的精度要高于基于导航数据和控制点结合校正的精度，基于导航数据和控制点结合校正的精度要高于基于导航数据校正的精度。

本研究选用了 11 个控制点进行曲面样条函数法校正，虽然其精度最高，但是在控制点的获取上增加了工作量；利用导航信息进行校正不需要控制点，可以实现自动化，但是校正精度较差；将基于导航信息的几何粗校正和基于控制点的几何精校正方法结合起来，既降低了获取控制点的工作量，相对基于导航数据的校正来说又提高了配准精度，二者结合的方法仅比曲面样条函数法校正精度低 0.251 7 m，比基于导航数据校正精度高了 0.625 6 m。因此，如果想要获得高精度的地理坐标且有充足的控制点，可使用曲面样条函数法进行几何校正；如果控制点数量少又想获得较高的校正精度，可采用基于导航数据和控制点结合的校正方法；如果缺少控制点或基准影像，或者对坐标精度要求不高，可以选择基于导航信息的几何校正。

表 3-7　曲面样条函数法校正精度

变量	均值 /m	中误差 /m	平均绝对偏差 /m	中位数绝对偏差 /m	标准偏差 /m	最大值 /m
x	0.086 2	0.695 36	0.606 74	0.862 05	0.690 0	1.090 9
y	−0.119 85	1.620 7	1.247 4	2.233 3	1.616 3	2.823 2
xoy	—	1.763 6	—	—	1.757 4	—

表 3-8　基于导航数据校正精度

变量	均值 /m	中误差 /m	平均绝对偏差 /m	中位数绝对偏差 /m	标准偏差 /m	最大值 /m
x	−4.135 4	4.359 3	1.155 5	1.174 4	1.379 2	6.818 7
y	−0.096 1	2.246 9	2.109 4	1.908 2	2.244 9	3.876 7
xoy	—	4.904 3	—	—	2.634 7	—

表 3-9　基于导航数据和控制点结合校正精度

变量	均值 /m	中误差 /m	平均绝对偏差 /m	中位数绝对偏差 /m	标准偏差 /m	最大值 /m
x	−1.255 3	1.741 3	1.026 0	0.503 1	1.206 8	3.372 0
y	0.216 2	1.620 8	1.362 7	1.036 7	1.606 3	3.146 9
xoy	—	2.378 9	—	—	2.009 1	—

第三节　多航带高光谱反射率数据几何配准

由于几何校正存在误差，校正后的影像之间仍然存在错位现象，因此需要通过图像配准对影像的地理坐标进行微调以消除错位。高光谱影像波段众多，若对所有波段直接运用配准算法，会消耗大量的时间，因此需要选择影像的最佳波段参与配准运算。下面重点介绍基于信噪比选择最佳波段的方法及基于 SIFT 算法的影像配准的两种方法，并通过实验验证方法的精度与可行性。

一、基于信噪比的波段选择

研究所用高光谱影像含有 270 个波段，不能对所有波段都运用图像匹配算法，这会消耗大量的时间，且影像的噪声会对图像匹配算法的效果造成影响，因此需要选择噪声最小、图像质量最好的波段参与运算，将得到的配准结果运用于整幅高光谱影像即可。

（一）图像质量评价方法

目前，图像质量评价根据是否需要利用原始参考图像可分为三类，有参考图像的质量评价、半参考的图像质量评价、无参考的图像质量评价。常用的有参考图像的质量评价方法有均方根误差、峰值信噪比、平均结构相似度等。均方根误差在图像的质量评价中相当于一个中间的评价指标，很多后续的评价指标都是沿用均方根误差，它主要是评价基准图像 $I_i(i, j)$ 和待评价图像 $I_t(i, j)$ 之间的误差大小。峰值信噪比是常用的衡量信号失真的指标。平均结构相似度算法指标利用图像块结构信息的变化量来衡量图像质量。半参考的图像质量评价仅利用基准图像的部分特征信息来估计待评价图像的质量。由于半参考方法只利用了某些特征信息，因此其处理的速度得到了提升，但是该算法对于提取的特征非常敏感。无论是有参考的还是半参考的图像质量评价都需要引入参考图像来评价图像质量的好坏，但在无人机高光谱影像中不存在基准影像，因此需要采用无参考的图像质量评价方法。无参考的图像质量评价方法有模糊效应、分块效应、噪声效应等，由于信噪比的计算不需要参考图像，所以信噪比也可以纳入无参考图像质量评价中。信噪比的计算方法可分为以下三类。

1. 方差法

方差法首先在图像中选取一块区域（可以是整幅影像，也可以是图像中的一个均匀图块），然后计算所选区域的均值和标准差，其均值与标准差的比值就认为是信噪比。该方法操作简单，但是均匀区域需要人工去选择，且图像比较复杂时，计算的信噪比不是特别准确。

2. 滤波法

假设原始含噪声的影像为 img1，对噪声图像进行滤波处理，滤波后的图像为 img2，图像中的噪声信号 img3 = img1 − img2，信噪比 SNR = img2 / img3。图像的滤波是这个方法的关键，采用什么样的滤波方法对计算结果影响很大。

3. 局部方差法

局部方差法首先对图像做分块处理，计算每个块的方差或标准差；其次取所有块的方差或标准差做均值；最后，对每个块的均值求均值作为整个图像均值，然后用方差法求信噪比。该方法是对方差法的改进，但地物覆盖类型依然对该方法有较大的影响。

（二）基于边缘块剔除的局部方差法计算信噪比

针对计算信噪比所存在的问题，将信噪比值最高的波段作为最优波段参与后续图像配准的计算。该方法首先利用边缘检测算法对整幅影像进行边缘提取，然后将影像分割成很多小块，并剔除包含边缘的图像子块，利用剩余影像进行信噪比的计算。该方法通过减小影像中不均匀子块对信噪比计算的影响提高了局部方差法的适用性，具体步骤如下所述。

（1）边缘提取。利用 Canny 算子对图像进行边缘提取。

（2）边缘块剔除。对整幅影像按照一定尺寸进行分块（分块尺寸为 4×4），统计每一个子块中是否含有边缘值，若有则剔除将该子块，该子块不再参加后面的信噪比计算。

（3）局部方差法估算噪声值。分别计算每一子块的局部标准差与均值，在局部标准差最小值与平均值的 1.2 倍之间划分 150 个区间，按标准差大小将各子块落入相应区间，以此计算得到直方图。根据直方图统计出包含子块最多的区间，以该区间内标准差的平均值作为噪声估计值。

（4）信噪比计算。图像信噪比的计算公式为

$$\mathrm{SNR}=\frac{\overline{\mathrm{DN}}}{\mathrm{LSD}} \tag{3-26}$$

式中：SNR 为图像信噪比；$\overline{\mathrm{DN}}$ 为图像均值；LSD 为噪声估计值。

二、基于SIFT算法的图像配准

（一）SIFT特征点提取

在特征点提取的算法中，经典的算法有Harris算法、SIFT算法、SURF算法等。SIFT算法运行速度快、稳定性较高，对存在平移、旋转和缩放等多种变化状态的影像能够取得较高的配准精度，因此，选用SIFT算子对高光谱影像进行特征点的提取。SIFT算子提取特征点的流程如图3-12所示。

SIFT特征点提取和特征描述主要分四个步骤：构建尺度空间高斯差分金字塔并检测尺度空间中的局部极值点；精确确定极值点位置；特征点方向确定；构造特征点描述子。下面将分别对上述步骤进行说明。

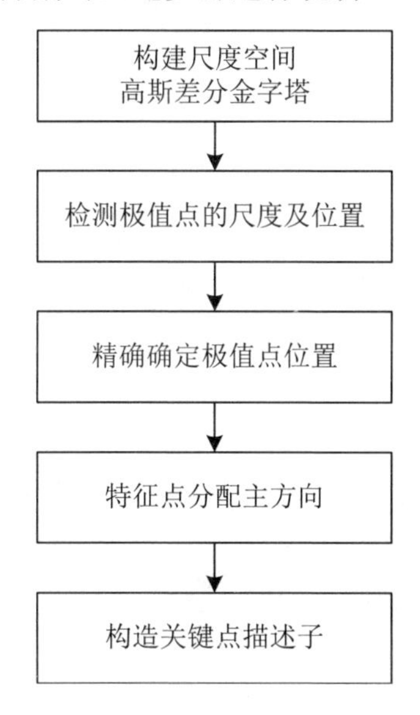

图3-12　SIFT算子提取特征点流程图

1. 构建高斯差分金字塔并检测极值点

Koendetink和Lindeberg等已经证明了高斯核是实现尺度变换唯一的线性变换核。一幅图像在尺度空间中可以表示为图像和可变高斯核函数的卷积，高斯金字塔（Laplacian of Gaussian，LoG）算子的表达式如下：

$$L(x,y,\sigma)=G(x,y,\sigma)*I(x,y) \tag{3-27}$$

$$G(x,y,\sigma)=\frac{1}{2\pi\sigma^2}\mathrm{e}^{-\frac{(x^2+y^2)}{2\sigma^2}} \tag{3-28}$$

式中：* 表示卷积操作；$G(x,y,\sigma)$为可变高斯核函数；σ为尺度因子；$I(x,y)$为输入的二维图像。通常将高斯函数的差值与图像进行卷积来构建尺度空间，在这个尺度空间中来寻找稳定的特征点，尺度空间 $D(x,y,\sigma)$ 可以表示为

$$D(x,y,\sigma)=(G(x,y,k\sigma)-G(x,y,\sigma)\ *I(x,y)=L(x,y,k\sigma)-L(x,y,\sigma) \quad (3\text{-}29)$$

式中：k 为常数，取 $k=\sqrt{2}$ 。高斯差分金字塔的具体构建过程如下：

（1）设高斯核的尺度因子为 σ，$k\sigma$，$k^2\sigma$，…，$k^{s-1}\sigma$（k 为常数，s 为阶内层数），构造尺度空间，就能够得到一组新的影像，这组影像就是高斯金字塔的第一阶（octave）。

（2）第二阶的第一幅影像由第一阶影像中倒数第三层的影像进行二分重采样得到。

（3）将第二阶的首幅影像重复过程（1）（2），直到得到完整的高斯金字塔，设 σ 为每层图像的尺度，则 σ 的计算公式为

$$\sigma(o,s)=\sigma_0 2^{o+\frac{s}{S}} \quad o\in[0,\ \cdots,\ O-1],\ s\in[0,\ \cdots,\ S+2] \quad (3\text{-}30)$$

式中：σ_0 为基准层尺度；o 为阶数；O 为总阶数。

（4）将高斯金字塔中相邻影像两两相减，就可以得到高斯差分金字塔（DoG），如图 3-13 所示。

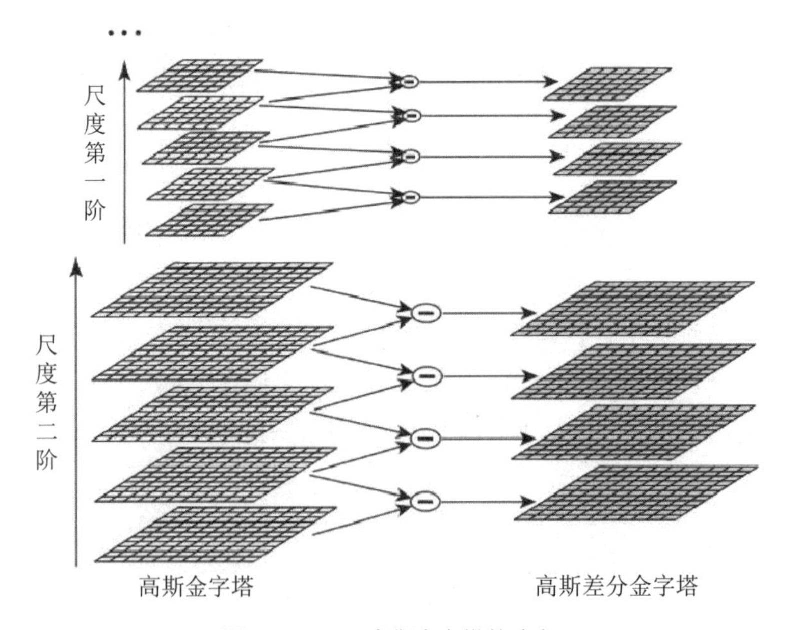

图 3-13　DoG 高斯金字塔的建立

在 SIFT 算法中，DoG 空间的局部极值点就是影像的特征点，如图 3-14 所示，

在计算时，首先在 DoG 空间中以某采样点为中心取其周围 3 × 3 × 3 的立方体邻域内的 26 个点，如果该点是这 26 个点中的极值点，则认为它是特征点。并记录下该特征点位置和对应的尺度。这种方式确保了所选极值点既是二维影像的极值点，也是尺度空间内的极值点。

2. 精确确定极值点位置

由于 DoG 算子的边缘效应很强，且利用该算法检测到的点都是以离散的形式存储的，因此上述提取出的极值点并不是最终所需要的特征点，为保证算法的鲁棒性，需要在检测到的极值点中去除低对比度点和边缘响应点，还需要对极值点进行进一步的修正。图 3-15 展示了直接检测到的极值点与真正的极值点的差别。

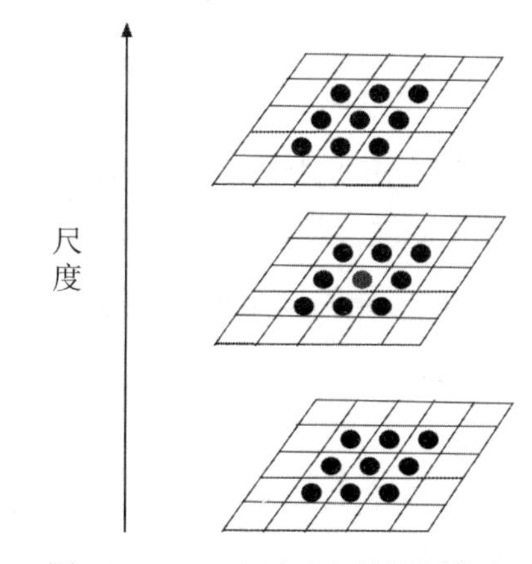

图 3-14　DoG 尺度空间检测极值点

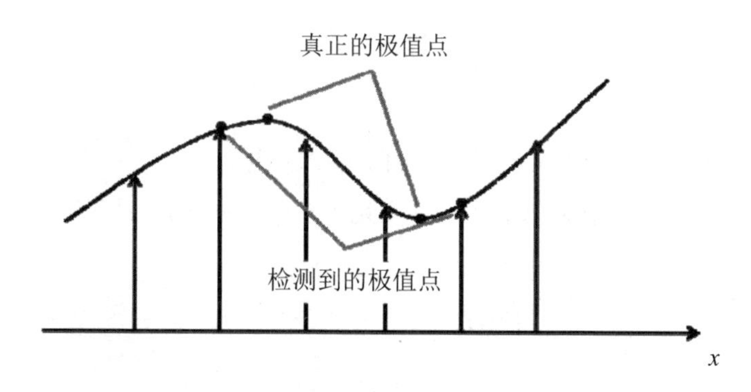

图 3-15　二维离散空间与连续空间极值点关系

（1）去除低对比度点。

将 DoG 函数按照泰勒公式展开：

$$D(x)=D+\frac{\partial D^{\mathrm{T}}}{\partial X}X+\frac{1}{2}X^{\mathrm{T}}\frac{\partial^2 D}{\partial^2 X}X \tag{3-31}$$

式中：$X=(x,y,\sigma)^{\mathrm{T}}$。对式（3-31）中的 X 求导，可以得到精确极值点的坐标：

$$\frac{\partial D}{\partial X}=\frac{\partial D^{\mathrm{T}}}{\partial X}+\frac{\partial^2 D}{\partial X^2}X \tag{3-32}$$

令式（3-34）等于 0，可得到极值点的位置

$$\hat{X}=-\frac{\partial^2 D^{-1}}{\partial X^2}\frac{\partial D}{\partial X} \tag{3-33}$$

将式（3-35）代入式（3-33）中得到

$$D(\hat{X})=D+\frac{1}{2}\frac{\partial D^{\mathrm{T}}}{\partial X}X \tag{3-34}$$

式中：$\hat{X}$ 是差值中心的偏移量，当 $\hat{X}$ 中任意元素的偏移量大于 0.5 时，需要对当前特征点的位置进行移动，不断迭代一直到其收敛，并删掉超出迭代次数的点和超出图像边界的点，同时，对于 $\left|D(\hat{X})\right| < 0.03$ 的极值点也需要删除。在整个过程中，不仅剔除掉了低对比度的极值点，且获得了真正特征点的准确位置。

（2）去除边缘响应点。

需要去除的边缘点具有如下特征：在垂直于边缘方向的主曲率较大，在与边缘方向相切的方向主曲率较小，主曲率的计算往往借助 Hessian 矩阵。二阶 Hessian 矩阵的表示方式为

$$\boldsymbol{H}=\begin{bmatrix} D_{xx} & D_{xy} \\ D_{xy} & D_{yy} \end{bmatrix} \tag{3-35}$$

式中：D_{xx}、D_{xy}、D_{yy} 分别表示不同方向上的二阶导数。

设矩阵 $\boldsymbol{H}$ 的特征值为 α 和 β，且满足 $\alpha=\gamma\beta$，$\gamma > 1$ 为比例系数，矩阵 $\boldsymbol{H}$ 的迹和行列式值的计算公式如下：

$$Tr(\boldsymbol{H})=D_{xx}+D_{yy}=\alpha+\beta \tag{3-36}$$

$$Det(\boldsymbol{H})=D_{xx}D_{yy}-(D_{xy})^2=\alpha\beta \tag{3-37}$$

将矩阵的迹和行列式值做商，并将 $\alpha=\gamma\beta$ 代入比值中可得：

$$\frac{Tr(\boldsymbol{H})^2}{Det(\boldsymbol{H})}=\frac{(\alpha+\beta)^2}{\alpha\beta}=\frac{(\gamma\beta+\beta)^2}{\gamma\beta}=\frac{(\gamma+1)^2}{\gamma} \tag{3-38}$$

可以看出，当 $\alpha=\beta$ 时，$\gamma\ \frac{(\gamma+1)^2}{\gamma}$ 的值最小，随着 γ 的增大，$\frac{(\gamma+1)^2}{\gamma}$ 的值也随之增大，这表示一个方向的梯度值在增大，另一个方向的梯度值在减小，这就是边缘的特征。因此，可以设定阈值来剔除边缘点。设定条件：

$$\frac{Tr(\boldsymbol{H})^2}{Det(\boldsymbol{H})}<\frac{(\gamma+1)^2}{\gamma} \tag{3-39}$$

Lowe 经过实验得出，当 $\gamma=10$ 时可以达到最佳效果。当检测到的极值点的主曲率满足式（3-39）时，则保留该点，不满足则剔除。

3. 特征点方向确定

SIFT 算法通过计算梯度信息来为每个特征点赋予主方向。特征点的梯度计算公式为

$$m(x,y)=\sqrt{(L(x+1,y)-L(x-1,y)^{\ 2}+(L(x,y+1)-L(x,y-1)^{\ 2}} \tag{3-40}$$

$$\theta(x,y)=\tan^{-1}(L(x,y+1)-L(x,y-1))/(L(x+1,y)-L(x-1,y)) \tag{3-41}$$

式中：$m(x,y)$ 为灰度梯度幅值；$\theta(x,y)$ 为灰度梯度方向；$L(x,y)$ 表示特征点 (x,y) 的尺度。

对于每个特征点，计算该点周围 3σ 邻域内像素灰度值梯度的强度和方向，统计梯度向量的直方图，根据直方图来确定梯度的方向，如图 3-16 所示。直方图的横坐标是梯度的方向值，范围为 $0°\sim360°$；纵坐标是梯度方向角对应的梯度幅值累加值。在计算中对方向进行采样，其中每间隔 $10°$ 进行一次统计，共统计 36 个方向，把直方图中纵坐标最大值对应的方向定义为该特征点的主方向，把能量峰值大于等于主峰值 80% 的方向定义为该特征点的辅方向，因此，特征点在有一个主方向的同时可能还存在其他辅方向。

（1）构造特征点描述子。

首先，以特征点为中心，选取 16×16 的窗口，计算窗口内的每一个像素点的梯度方向和幅值；其次，根据与特征点间的距离进行高斯加权（权重由到中心位置的特征点的距离决定，越接近中心点像素，权重越大）来保证特征点周围的梯度模值占比重更大；最后，将关键点的 16×16 邻域像素点划分成为 4×4 的图像块，一共可以划分出 16 个小块，如图 3-17 所示。在 4×4 的图像块上计算 8 个方向上的梯度分量，绘制每个方向上梯度分量的累加值，从而得到一个种子点。

梯度方向直方图统计公式为

$$h_{r(l,m)}(k) = \sum_{x,y \in r(l,m)} M(x,y)(1-\left|\theta(x,y)-c_k\right|/\Delta_k), \theta(x,y) \in bin(k) \tag{3-42}$$

式中：c_k 为梯度方向的中心，Δ_k 为梯度方向的宽度。

特征描述子由所有子块的梯度方向直方图组成：

$$u = (h_{r(1,1)}, \cdots, h_{r(l,m)}, \cdots, h_{r(4,4)}) \tag{3-43}$$

通过上述方法就可以形成 128 维的特征描述子，该方法能够增强算法的鲁棒性。

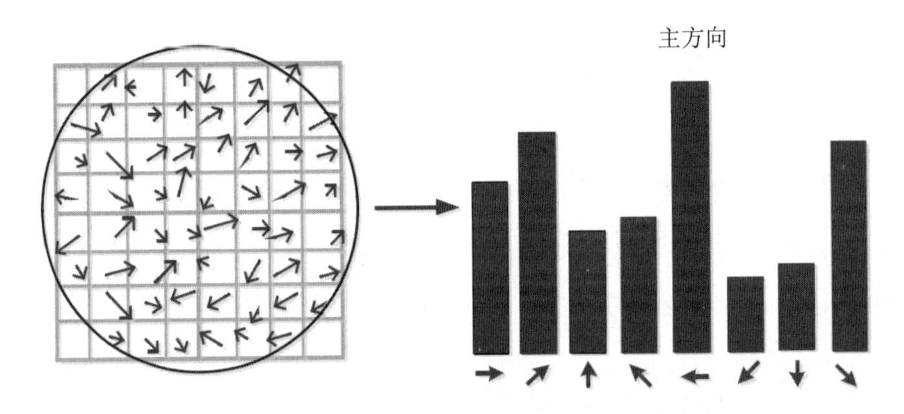

图 3-16　特征点方向统计

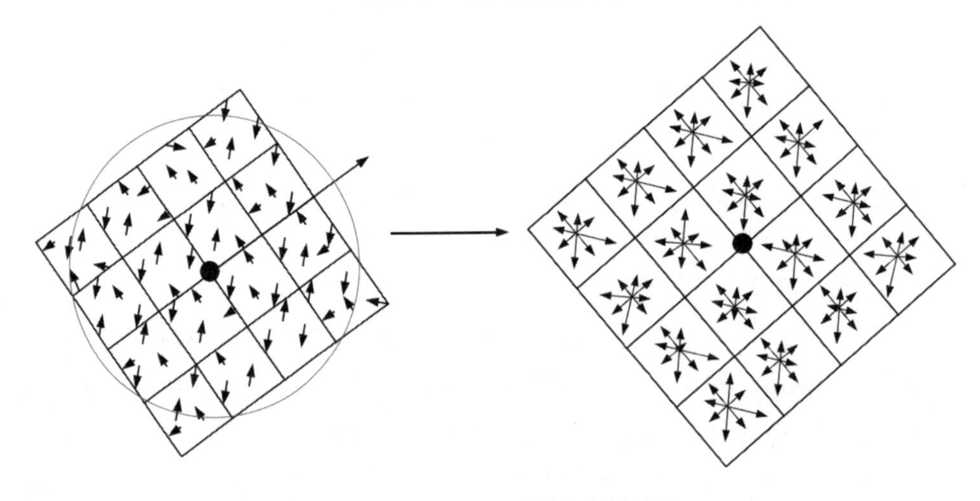

图 3-17　构造 128 维特征点描述子

三、特征点粗匹配

通过 SIFT 算法提取到特征向量后，需要对不同的特征向量进行匹配，去掉部分外点及误匹配点。现在比较成熟的匹配算法主要有暴力（Brute-Force）匹配算法、K- 最近邻（KNN）匹配算法和 BBF（Best Bin First）匹配算法等。由于 KNN 简单有效，因此基于 KNN 进行特征点的匹配。常用的距离测度有马氏距离、欧氏距离、汉明距离等，David G. Lowe 提出采用欧氏距离是一种简单有效的方法。在特征点集中，若 x_i 代表匹配影像的某特征点，y_i 代表待匹配影像的某特征点，两点的欧式距离可表示为

$$d=\sqrt{\sum_{i=1}^{128}(x_i-y_i)^2} \tag{3-44}$$

KNN 的主要思想：将 SIFT 算子得到的每个特征点对应的特征向量作为一个一维坐标系，从而建立起一个 128 维的高维空间坐标系，在这个坐标系中，根据特征点对应的特征向量的大小和方向，可以确定出该特征点及其邻域在高维坐标系中对应的一个点，以该点为基准，对另一幅影像中特征向量对应的点进行搜索，通过欧式距离函数计算出高维坐标系中两点间的距离，每进行一个特征点的匹配，会返回最近距离的特征点的描述子和次近距离特征点的描述子，以及这两个距离的值。然后对返回的两个特征点进行筛选，把最近距离值和次近距离值做比值运算，计算公式如下：

$$\varepsilon=\frac{t_1}{t_2} \tag{3-45}$$

式中：t_1 和 t_2 分别表示距离最近的值和距离次近的值。通常通过设定一个小于 1 的阈值来确定匹配点是否正确，当 ε 值大于阈值时，认为匹配错误，进行舍弃；当 ε 值小于阈值时，保留距离最小的匹配，并舍弃次近距离的匹配。阈值设置得越小，匹配精度越高，但也可能会丢失一些正确的匹配。将阈值设置为 0.7，可以删除绝大多数的错误匹配点，虽然丢失了一些正确匹配，但最终得到的同名点远大于求解几何变换模型参数所需的同名点个数。

四、特征点提纯

特征点匹配后，不可避免地存在一些错误匹配点，造成这些错误匹配点出现的原因可能包括：在 SIFT 特征提取算法中，特征点位置和其特征向量的确定存在误差；匹配过程中，存在非同名点特征向量在高维坐标系中距离接近的现

象，从而造成匹配的误差。匹配过程中引起的误差可以通过减小阈值的方法来消除，但阈值太小会出现结果中正确匹配数量过少的现象。这些粗差点会导致几何变换模型出现错误，进而对最终的拼接效果产生较大影响，因此，需要借助误差剔除算法对粗匹配结果中的粗差点进行剔除，以提高匹配的精度。由于RANSAC 算法剔除误匹配点的效果好、速度快，因此选择 RANSAC 算法对特征点进行提纯。

RANSAC 算法假设输入的点集中包括两种类型的点：内点和外点，其中，内点是指支持最优模型参数的点集，外点是指不支持最优模型参数的点集。无人机高光谱影像利用 RANSAC 算法进行特征点提纯的过程如下所述。

（1）确定迭代次数 N。设待统计特征点符合最优变换模型的概率是 u，确定几何变换模型参数的最少特征点对为 n（本实验采用的是仿射变换模型，取 $n=4$），设经过 N 次迭代后至少有一次采样的 n 个特征点均为内点的概率为 p，则采样迭代次数 N 满足

$$1-p=(1-u^n)^N \Rightarrow N=\frac{\log(1-p)}{\log(1-u^n)} \tag{3-46}$$

（2）从经过粗匹配的特征点集中随机选取 4 对匹配点，计算几何变换矩阵 $\boldsymbol{H}$。

（3）将经过粗匹配后的特征点进行几何变换，并计算待拼接图像中所对应的特征点与经过几何变换后的特征点的欧式距离 d，其计算公式为

$$d=\sqrt{(x-x_f)^2+(y-y_f)^2} \tag{3-47}$$

式中：(x, y) 为进行了粗配准后的特征点坐标；(x_f, y_f) 为进行了几何变换后的坐标。

（4）确定内外点的距离阈值。本实验取 $3\sigma_0$ 为距离阈值，其中 σ_0 为中误差，其计算公式为

$$\sigma_0=\sqrt{\frac{d^{\mathrm{T}}\boldsymbol{P}d}{n}} \tag{3-48}$$

式中：n 表示特征点样本的个数；$\boldsymbol{P}$ 表示单位矩阵。

比较步骤（3）计算得到的欧式距离 d 与距离阈值 $3\sigma_0$ 的大小，若 $d<3\sigma_0$，则将该匹配点对加入到当前内点集中，反之，将该匹配点对记为外。

（5）重复步骤第2、3、4步N次，并记录每一次循环过程中得到的内点个数。

（6）将每一次循环得到的内点数目进行比较，选择内点数最多的集合，并将与之对应的$\boldsymbol{H}$作为最终的几何变换矩阵。

通过以上步骤可知，RANSAC是在一组掺有错误点的点集中，准确地提取出有效点，并根据有效点计算出两幅图像间几何变换模型的过程。

五、基于SIFT配准算法的仿射变换模型

图像变换模型是图像配准的基础，两幅图像之间的任意几何变换可以表示为

$$\begin{bmatrix} x' \\ y' \\ 1 \end{bmatrix} = \boldsymbol{M} \begin{bmatrix} x \\ y \\ 1 \end{bmatrix} = \begin{bmatrix} m_0 & m_1 & m_2 \\ m_3 & m_4 & m_5 \\ m_6 & m_7 & 1 \end{bmatrix} \begin{bmatrix} x \\ y \\ 1 \end{bmatrix} \tag{3-49}$$

式中：(x, y)为参考影像的像素点坐标；(x', y')为待配准影像的像素点坐标；$\boldsymbol{M}$为变换矩阵，其中，m_0、m_1、m_3、m_4表示的是图像的缩放尺度和旋转角度，m_2、m_5表示的是图像在水平和垂直方向上的位移量，m_6、m_7分别代表图像在水平和垂直方向上的形变量，只要解出这8个参数，就可以得到几何变换模型，从而实现几何变换。

仿射变换可以描述图像的旋转、平移和缩放，图像中的物体在进行仿射变换后，其大小和形状均发生变化，但是直线及其平行关系并未发生改变。采用仿射变换对待配准影像进行几何变换，仿射变换模型的矩阵$\boldsymbol{M}$表示如下：

$$\boldsymbol{M} = \begin{bmatrix} m_0 & m_1 & m_2 \\ m_3 & m_4 & m_5 \\ 0 & 0 & 1 \end{bmatrix} \tag{3-50}$$

将式（3-50）代入式（3-49）中可得仿射变换公式：

$$\begin{bmatrix} x' \\ y' \end{bmatrix} = \begin{bmatrix} m_0 & m_1 \\ m_3 & m_4 \end{bmatrix} \begin{bmatrix} x \\ y \end{bmatrix} + \begin{bmatrix} m_2 \\ m_5 \end{bmatrix} \tag{3-51}$$

从式（3-51）可以看出，仿射变换矩阵有6个未知变量，至少需要三对不共线的匹配点才能求解未知变量。

六、基于相位相关法的图像配准

（一）传统的相位相关法

相位相关法具有对亮度变化和噪声不敏感、算法复杂度低、计算速度快等

优点，非常适合具有较小的平移量、旋转角度和缩放尺度的图像，而 ZK-VNIR-FPG480 高光谱成像仪获取的航带畸变小，且已做过几何校正，航带与航带间的旋转角度和拉伸基本消除，在做过几何校正后认为航带间只存在平移关系和很小的旋转拉伸。SIFT 算法需要进行大量的运算，针对波段众多的高光谱影像，也可采用速度较快的相位相关法来纠正图像间已经存在的地理坐标。

将图像从空域转换到频域中分析时，其傅里叶频谱包含有模和相位两方面的信息，其中相位就反映了图像的变化信息，因此利用相位相关性即可得到图像的变化参数。

1. 平移配准原理

原始的相位相关法只针对两幅仅存在平移关系的影像，其算法的原理如图 3-18 所示。

设两幅图像 $f_1(x, y)$ 和 $f_2(x, y)$ 的相对位移量为 (x_0, y_0)，则它们在空间域的关系为

$$f_2(x,y) = f_1(x - x_0, y - y_0) \tag{3-52}$$

它们之间的傅里叶变换 F_1 和 F_2 满足式（3-53）：

$$F_2(u,v) = F_1(u,v)\mathrm{e}^{-\mathrm{i}2\pi(ux_0 + vy_0)} \tag{3-53}$$

式中：u、v 是图像在傅里叶空间的位置。它们之间的共轭傅里叶变换 F_1^* 和 F_2^* 满足式（3-54）：

$$F_2^*(u,v) = F_1^*(u,v)\mathrm{e}^{-\mathrm{i}2\pi(ux_0 + vy_0)} \tag{3-54}$$

两幅图像的交叉功率谱为

$$cp(u,v) = \frac{F_1(u,v)F_2^*(u,v)}{\left|F_1(u,v)F_2^*(u,v)\right|} = \mathrm{e}^{\mathrm{i}2\pi(ux_0 + vy_0)} \tag{3-55}$$

对式（3-55）进行傅里叶反变换可以得到一个脉冲函数 $C(x, y)$，如式（3-56）所示，该函数的值在其他各处几乎为 0，只有在平移的位置上不为 0，这个位置就是要求的平移参量。

$$C(x,y) = F^{-1}\left(\frac{F_1(u,v)F_2^*(u,v)}{\left|F_1(u,v)F_2^*(u,v)\right|}\right) \tag{3-56}$$

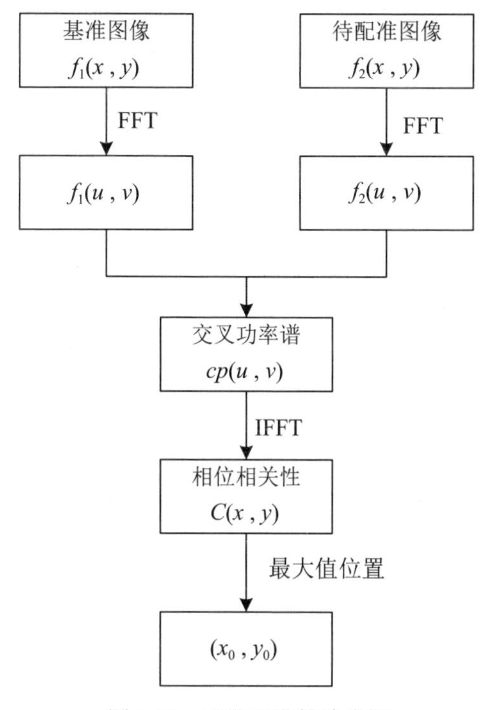

图 3-18　平移配准算法流程

2. 旋转和缩放配准原理

对于旋转和缩放的情况，因为变换前后的坐标不是简单的加性关系，因此提出了扩展相位相关法。对于旋转的情况，通过对图像进行极坐标变换处理，可以将旋转关系表示为$\theta'=\theta+\theta_0$，从而将旋转的坐标变换成一种加性关系；对于缩放的情况，在极坐标下的关系是$r'=r_0 r$，将坐标做对数运算，可以将缩放关系变成一种加性关系。旋转和缩放的算法流程如图 3-19 所示。

在笛卡尔坐标下，假设两图像的相对旋转角度为θ_0，缩放倍数为 C，它们在空域的关系可以表示为

$$f_2(x , y)=f_1\left[k(x\cos\theta_0+y\sin\theta_0),k(-x\sin\theta_0+y\cos\theta_0)\right] \tag{3-57}$$

则它们之间的傅里叶变换 F_1 和 F_2 满足：

$$F_2(u,v)=\frac{1}{k^2}\mathrm{e}^{-\mathrm{i}2\pi(ux_0+vy_0)}F_1\left[\frac{1}{k}(u\cos\theta_0+v\sin\theta_0),\frac{1}{k}(-u\sin\theta_0+v\cos\theta_0)\right] \tag{3-58}$$

分别计算两边的幅度谱，得到：

$$M_2(u,v)=\frac{1}{k^2}M_1\left[\frac{1}{k}(u\cos\theta_0+v\sin\theta_0),\frac{1}{k}(-u\sin\theta_0+v\cos\theta_0)\right] \tag{3-59}$$

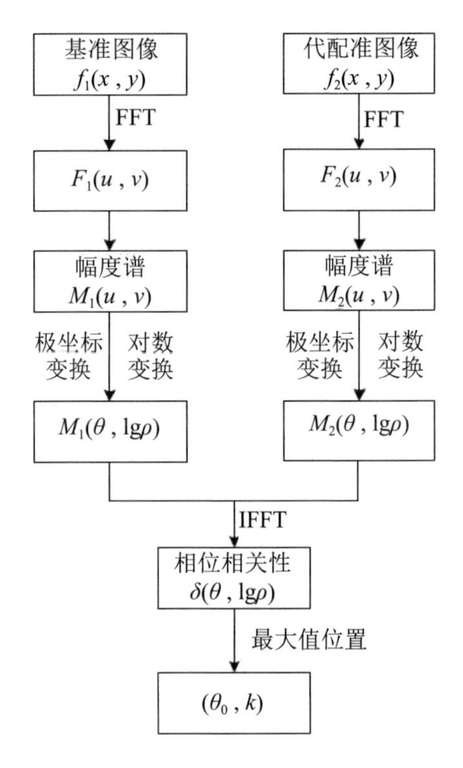

图 3-19　旋转和缩放配准算法流程

令$\begin{cases}u=\rho\cos\theta\\v=\rho\sin\theta\end{cases}$，将式（3-59）变换到极坐标空间，得到：

$$M_2(\rho\cos\theta,\rho\sin\theta)=\frac{1}{k^2}M_1\left[\frac{\rho}{k}\cos(\theta-\theta_0),\frac{\rho}{k}\sin(\theta-\theta_0)\right] \tag{3-60}$$

式（3-60）可化简为

$$M_2(\rho\cos\theta,\rho\sin\theta)=\frac{1}{k^2}M_1\left[(\theta-\theta_0),\frac{\rho}{k}\right] \tag{3-61}$$

对变量$\frac{\rho}{k}$进行对数变换，得到：

$$\lg\frac{\rho}{k}=\lg\rho-\lg k \tag{3-62}$$

将式（3-61）代入式（3-62）得：

$$M_2(\theta,\lg\rho)=—M_1\left[\left(\theta-\theta_0\right),\lg\rho-\lg k\right] \tag{3-63}$$

对式（3-63）再运用相位相关法，就可以得到两幅影像之间的旋转角度 θ_0 和缩放系数 k。可以看出，对于存在平移、旋转和缩放的影像都可以通过转换并使用相位相关技术来进行快速配准，因此这些理论在图像配准中有广泛的应用。

（二）改进的相位相关法

1. 2 幂子图像

相位相关法在进行计算时，要求输入的两张影像大小一致，而在实际情况中，航带与航带往往存在大小不一致的情况，因此需要按照某种度量对两条航带进行裁剪。在快速傅里叶算法中，当 N 是 2 的幂（即 $N=2^p$, 其中 p 是整数）时，效率最高，具有良好的收敛效果。因此，引入 2 幂子图像，既能满足输入影像大小一致的条件，又可以提高算法的效率。设图像 I 的宽为 W，高为 H，则 I 的 2 幂子图像 S 的宽 w 和高 h 符合以下条件：

$$\begin{cases} w=2^m\leqslant W\leqslant 2^{m+1} \\ h=2^n\leqslant H\leqslant 2^{n+1} \end{cases}\quad（m，n 为正整数） \tag{3-64}$$

在进行影像拼接时，会出现两种拼接情况：一种情况是两幅影像左右存在重叠区域；另一种情况是两幅影像上下存在重叠区域，如图 3-20 所示。

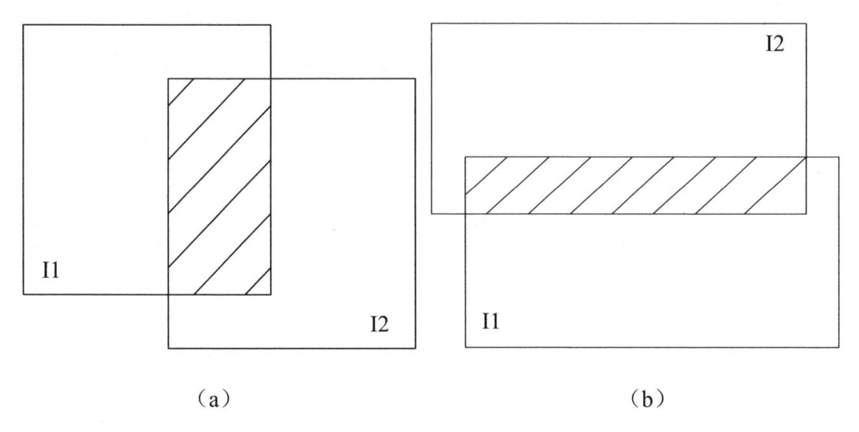

（a）　　（b）

图 3-20　图像重叠区域位置

（a）左右存在重叠区域；（b）上下存在重叠区域

对于影像左右存在重叠区域的情况，2 幂子图像的选取位置如图 3-21 所示。

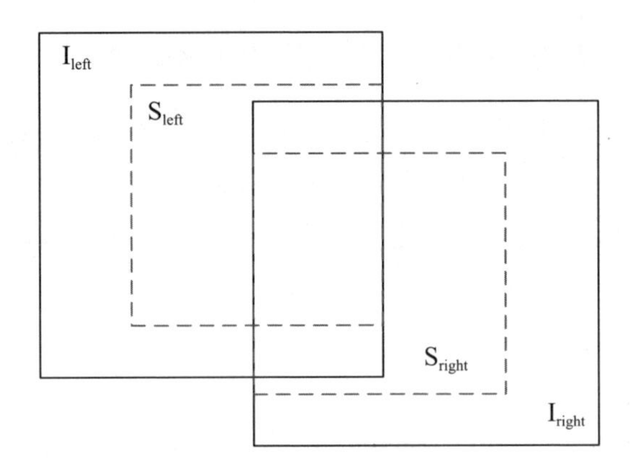

图 3 21　2 幂子图像

由几何关系可得，前一幅源图像 $\mathrm{I_{left}}$ 的 2 幂子图像 $\mathrm{S_{left}}$ 左上角的位置为

$$\begin{cases} x_l^p = W_{\mathrm{left}} - w_{\mathrm{left}} \\ y_l^p = (H_{\mathrm{left}} - h_{\mathrm{left}})/2 \end{cases} \tag{3-65}$$

后一幅源图像 $\mathrm{I_{right}}$ 的 2 幂子图像 $\mathrm{S_{right}}$ 左上角的位置为

$$\begin{cases} x_r^p = 0 \\ y_r^p = (H_{\mathrm{right}} - h_{\mathrm{right}})/2 \end{cases} \tag{3-66}$$

设由相位相关法计算出相邻图像的 2 幂子图像的位移量是 (d_x , d_y)，则源图像间的偏移量为 $(D_x, D_y) = (d_x + x_u^p - x_d^p, d_y + y_u^p)$。

对于影像上下存在重叠区域的情况，2 幂子图像的选取位置如图 3-22 所示。由几何关系可得，上面的源图像 $\mathrm{I_{up}}$ 的 2 幂子图像 $\mathrm{S_{up}}$ 左上角的位置为

$$\begin{cases} x_u^p = (W_{\mathrm{up}} - w_{\mathrm{up}})/2 \\ y_u^p = H_{\mathrm{up}} - h_{\mathrm{up}} \end{cases} \tag{3-67}$$

后一幅源图像 $\mathrm{I_{down}}$ 的 2 幂子图像 $\mathrm{S_{down}}$ 左上角的位置为

$$\begin{cases} x_d^p = (W_{\mathrm{down}} - w_{\mathrm{down}})/2 \\ y_d^p = 0 \end{cases} \tag{3-68}$$

设由相位相关法计算出相邻图像的 2 幂子图像的位移量是 (d_x , d_y)，则源图像间的偏移量为 $(D_x, D_y) = (d_x + x_u^p - x_d^p, d_y + y_u^p)$。

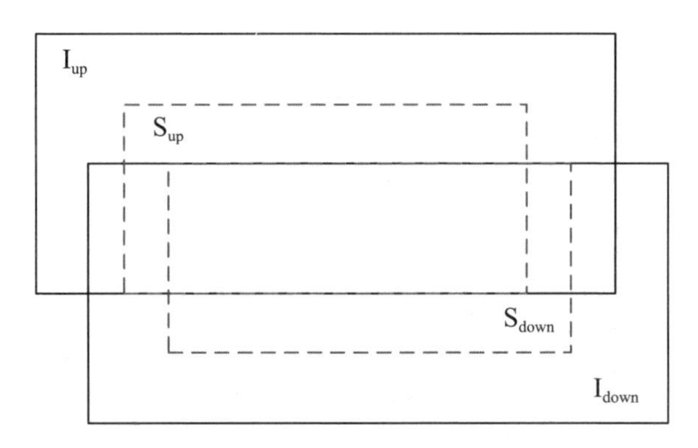

图 3-22　上下存在重叠区域的 2 幂子图像

利用 2 幂子图像可以更加快速地计算出图像的偏移量，且对于重叠率低的影像对，2 幂子图像等同于增加了影像的重叠率，从而增强了算法的鲁棒性。

2. 基于边缘信息的相位相关

传统的相位相关法在图像发生畸变或噪声较多时，配准结果可能会出现不准确的情况，当图像中地物复杂度较低，且重叠区域较少时，该配准方法会出现明显的配准误差甚至失效。图像边缘是图像中最基本也是相对稳定的特征信息，受光照条件的影响较小，进行边缘检测后的图像只保留了图像的结构信息，因此，可以利用边缘信息进行相位相关。

经典的边缘检测算子有很多，一阶的有 Canny 算子、Robert 算子、Sobel 算子等，二阶的有 Laplacian 算子等。Robert 算子能够准确检测出边缘的位置，但它对于噪声比较敏感；Sobel 算子对噪声不敏感，但它的边缘定位不准确；Laplacian 算子常用于判断边缘像素是属于影像的明区还是暗区；Canny 算子对噪声不敏感，弱边缘也能够被检测出来，因此本实验采用 Canny 算子进行边缘提取。

Canny 算子常按照以下 3 个基本准则进行边缘检测：

（1）好的检测结果。要检测出图像真实的边缘，不能错提或漏提。

（2）好的边缘定位精度。检测出的边缘位置要贴合图像上真正边缘的位置。

（3）对同一边缘要有低的响应次数，最好只有一个像素与之响应。

3. 高斯平滑滤波

这一步的主要目的是得到去噪的平滑图像，具体方法是采用高斯滤波器与图像进行卷积，高斯滤波器卷积核的计算公式如式（3-71）所示。

$$G(x,y)=\frac{1}{2\pi\sigma^2}\mathrm{e}^{-\frac{x^2+y^2}{2\sigma^2}} \tag{3-69}$$

式中：σ 是标准差，其值越大，平滑效果越明显。

设原图像为 $I(x,y)$，则平滑后的图像 $H(x,y)$ 可以表示为

$$H(x,y)=G(x,y)\cdot I(x,y) \tag{3-70}$$

4. 计算梯度强度和方向

图像灰度值的梯度可使用一阶有限差分来近似，传统的 Canny 边缘检测算法采用的卷积算子构造简单，卷积模板为

$$S_X=\begin{bmatrix}-1 & 1\\ -1 & 1\end{bmatrix},\quad S_Y=\begin{bmatrix}1 & 1\\ -1 & -1\end{bmatrix} \tag{3-71}$$

采用 Sobel 算子计算梯度和方向。Sobel 算子卷积模板为

$$S_X=\begin{bmatrix}-1 & 0 & 1\\ -2 & 0 & 2\\ -1 & 0 & 1\end{bmatrix},\quad S_Y=\begin{bmatrix}1 & 2 & 1\\ 0 & 0 & 0\\ -1 & -2 & -1\end{bmatrix} \tag{3-72}$$

通过卷积模板对 3 × 3 滑动窗口进行计算：

$$\begin{aligned}S_x&=(a_2+2a_3+a_4)-(a_0+2a_7+a_6)\\ S_y&=(a_0+2a_1+a_2)-(a_6+2a_5+a_4)\end{aligned} \tag{3-73}$$

计算梯度幅值和方向：

$$G(x,y)=\sqrt{G_x^2(x,y)+G_y^2(x,y)} \tag{3-74}$$

$$\theta(x,y)=\arctan\left[\frac{G_y(x,y)}{G_x(x,y)}\right] \tag{3-75}$$

5. 非极大值抑制

进行梯度计算后的影像，其边缘不满足只有一个像素与之响应的标准，需要利用非极大值抑制技术将除局部最大值之外的所有梯度值抑制为 0，具体方法为：将当前像素的梯度强度与沿正负梯度方向上的两个像素的梯度强度进行比较，如果当前像素的梯度强度最大，则认为该像素点可以作为边缘点被保留，否则该像素点将被抑制。

6. 双阈值检测

在进行第 3 步之后，仍然存在一些边缘像素需要剔除，这可以利用高低阈值来实现，具体过程为：首先根据影像的性质确定高阈值和低阈值，然后将边缘像素的梯度强度与这两个阈值进行比较，如果边缘像素的梯度强度比高阈值高，则将其标记为强边缘像素，并认为是边缘；如果比高阈值低但是比低阈值高，则将其标记为弱边缘像素；如果低于低阈值，则被抑制。

7. 抑制孤立低阈值点

对于弱边缘像素，它们可能是真实的边缘也可能是因噪声或颜色变化引起的，因此，还要消除由后者引起的弱边缘。一般属于真实边缘的弱边缘像素是与强边缘像素相连的，而噪声响并不相连，利用这一规律通过查看弱边缘像素周围的 8 个像素，只要其中一个为强边缘像素，则该弱边缘点就被认为是边缘。

基于改进的相位相关法计算流程如图 3-23 所示。

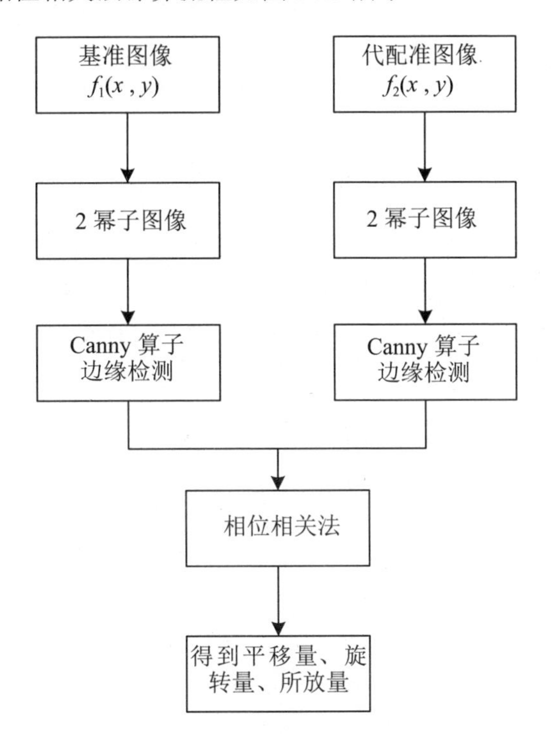

图 3-23 改进的相位相关法计算流程

基于改进的相位相关法计算的具体步骤如下所述。

（1）分别提取参考影像 $F_1(x, y)$ 和待配准影像 $F_2(x, y)$ 的 2 幂子图像，记为

$f_1(x, y)$ 和 $f_2(x, y)$；

（2）利用 Canny 算子对参考影像和待配准影像进行边缘提取，分别记为 $f_1'(x,y)$ 和 $f_2'(x,y)$；

（3）分别对 $f_1'(x,y)$ 和 $f_2'(x,y)$ 进行傅里叶变换，并分别取幅度谱，得到 $M_1(u, v)$、$M_2(u, v)$；

（4）将幅度谱从笛卡尔坐标系转化到极坐标系，并做对数运算，得到 $M_1(\theta, \lg\rho)$ 和 $M_2(\theta, \lg\rho)$；

（5）对 $M_1(\theta, \lg\rho)$ 和 $M_2(\theta, \lg\rho)$ 运用相位相关法，即可得到两幅图像之间的旋转角度 θ_0 和缩放系数 k；

（6）根据 θ_0 和 k 对待配准图像的 2 幂了图像 $f_2(x, y)$ 进行逆变换，得到只存在平移参量的过渡图像 $f_3(x, y)$；

（7）利用 Canny 算子对过渡图像 $f_3(x, y)$ 进行边缘提取，记为 $f_3'(x,y)$；

（8）运用相位相关法计算 $f_1'(x,y)$ 和 $f_3'(x,y)$ 的相对平移，得到平移量 (x_0, y_0)。

（三）基于相位相关配准算法的相似变换模型

相位相关法计算后可以直接得到待配准影像的平移量、旋转角度和缩放系数，这刚好是相似变换模型的未知数，因此相位相关法配准采用相似变换模型进行几何变换。相似变换可以描述图像的旋转、平移和缩放，图像中的物体在进行相似变换后，其尺寸发生变化，但形状没有发生变化。相似变换模型的矩阵 **M** 表示如下：

$$\boldsymbol{M} = \begin{bmatrix} r\cos\theta & -r\sin\theta & m_2 \\ r\sin\theta & r\cos\theta & m_5 \\ 0 & 0 & 1 \end{bmatrix} \tag{3-76}$$

可得相似变换公式：

$$\begin{bmatrix} x' \\ y' \end{bmatrix} = \begin{bmatrix} r\cos\theta & -r\sin\theta \\ r\sin\theta & r\cos\theta \end{bmatrix} \begin{bmatrix} x \\ y \end{bmatrix} + \begin{bmatrix} m_2 \\ m_5 \end{bmatrix} \tag{3-77}$$

式中：θ 表示图像的旋转角度；r 为各向同性缩放参数。

（四）实验与分析

取已校正的河道数据作为实验数据，如图 3-24 所示，影像中大部分面积为水域，目标纹理均匀。

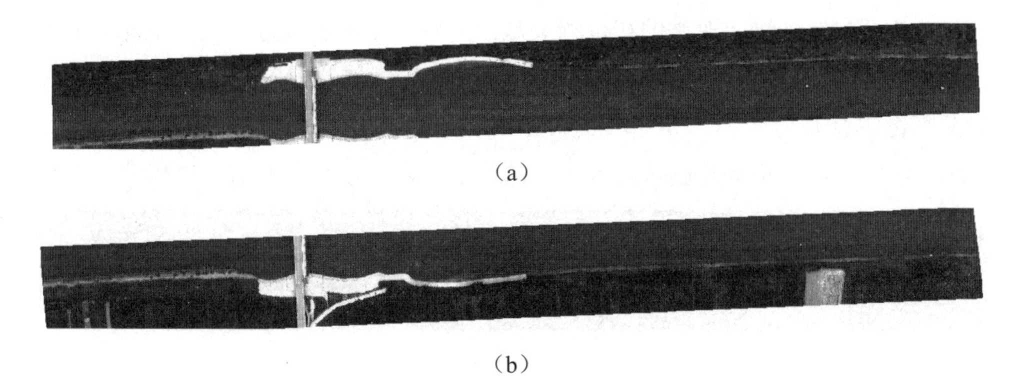

（a）

（b）

图 3-24　山东某河道的两条航带

（a）待配准图像；（b）参考图像

对这两条航带采用传统的相位相关法计算变化量，并应用相似变换模型对待配准影像进行几何变换，其结果如图 3-25 所示。可以看出，对于地物复杂程度较低的影像，传统的相位相关法在计算时会出现偏差，算法的适用性大大降低。

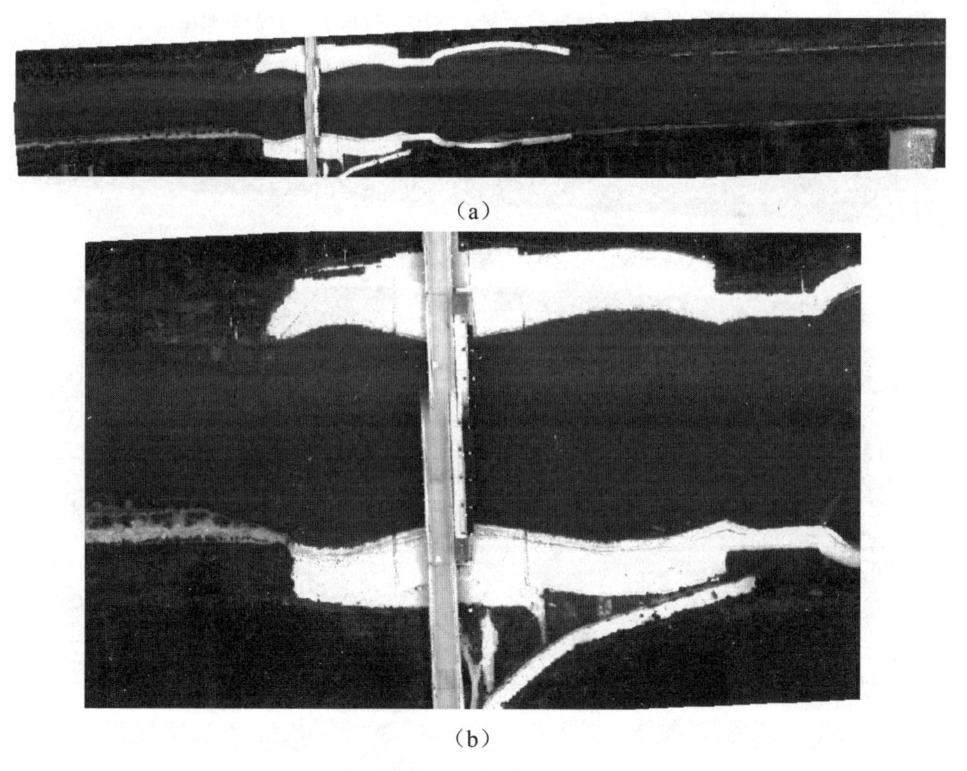

（a）

（b）

图 3-25　传统的相位相关法配准结果

（a）配准结果；（b）局部放大图

对这两条航带采用改进的相位相关法，先对 2 幂子图像进行边缘检测，其检测结果如图 3-26 所示，再计算待配准影像的变化量，并应用相似变换模型对待配准影像进行几何变换，其配准结果如图 3-27 所示。可以看出，用改进后的相位相关法能够准确地计算出待配准影像的变换参数，提高了算法的鲁棒性。

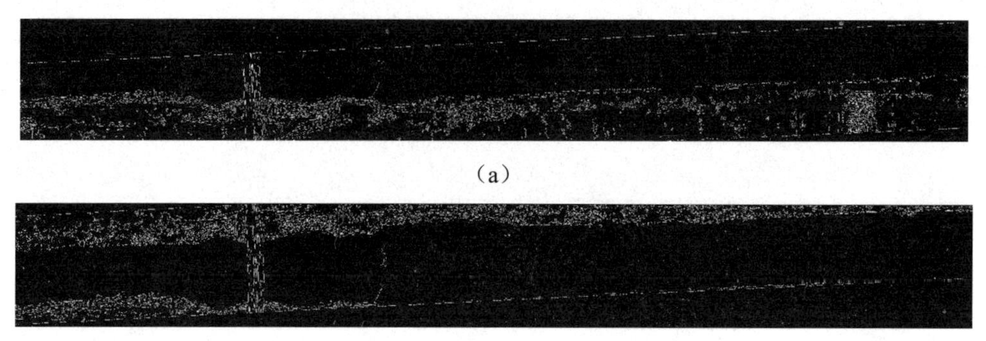

（a）

（b）

图 3-26　边缘检测结果

（a）待配准图像边缘检测结果；（b）基准图像边缘检测结果

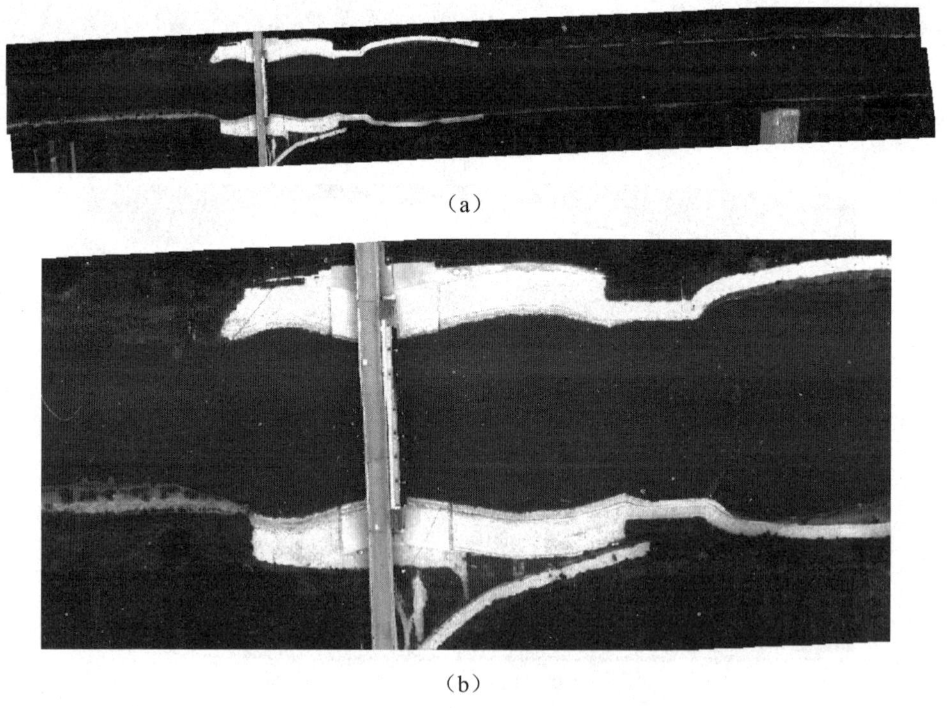

（a）

（b）

图 3-27　改进的相位相关法配准结果

（a）配准结果；（b）局部放大图

（五）两种配准方法对比实验

为了对上述图像配准算法进行比较，对城区、河道、林地这三类影像分别采用 SIFT 算法和改进的相位相关法，对两种算法的有效性进行对比分析。

1. 城区 - SIFT 算法配准实验

对校正过的城区数据进行信噪比的计算，将信噪比的计算结果按从大到小的顺序排列，前十名的波段如表 3-10 所示。

表 3-10 城区 - SIFT 算法信噪比计算

航带 1 信噪比		航带 2 信噪比	
波段	信噪比	波段	信噪比
band 148	141.893	band 73	58.901 4
band 149	136.084	band 79	58.017 9
band 144	132.839	band 75	57.327 8
band 150	132.438	band 77	54.631 5
band 142	130.773	band 63	54.558 7
band 146	128.954	band 76	53.442 6
band 147	128.785	band 83	52.768 5
band 138	127.144	band 80	52.247 3
band 151	124.609	band 78	52.216 0
band 139	124.436	band 62	51.831 8

信噪比值越高，说明噪声越少，因此此处选择波段 band 73 作为配准波段。运用 SIFT 算子配准，经过 RANSAC 算法进行提纯后的特征点分布如图 3-28 所示。经统计，提取的特征点共 154 个。以航带 1 为基准对航带 2 进行仿射变换，实现两幅影像的配准，配准结果如图 3-29 所示。

2. 城区 - 改进的相位相关法配准实验

从校正过的城区数据中获取 2 幂子图像，如图 3-30 所示，对 2 幂子图像进行信噪比的计算，将信噪比的计算结果按从大到小的顺序排列，前十名的波段如表 3-11 所示。

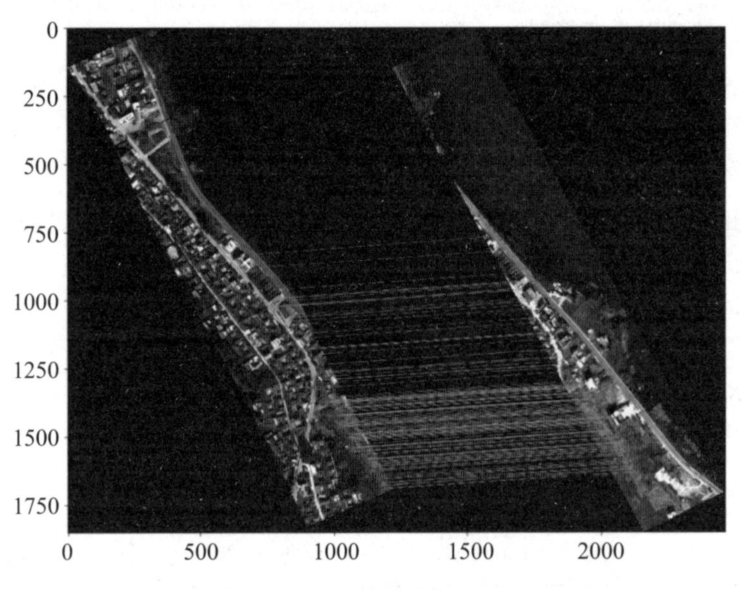

图 3-28　特征点提取

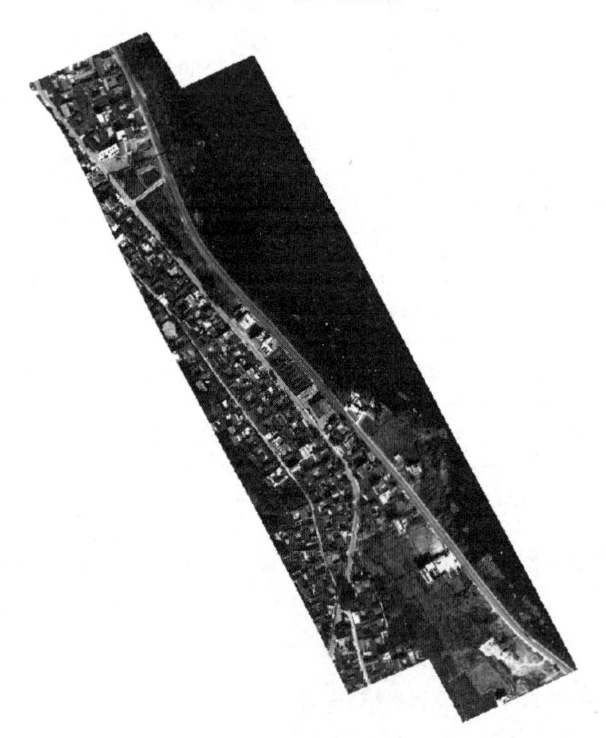

图 3-29　SIFT 配准结果

此处选择波段 band 85 作为配准波段。对 2 幂子图像利用 Canny 算子进行边缘检测，检测结果如图 3-31 所示。对边缘检测的结果运用相位相关法算子配准，以航带 1 为基准对航带 2 进行相似变换，实现两幅影像的配准，配准结果如图 3-32 所示。

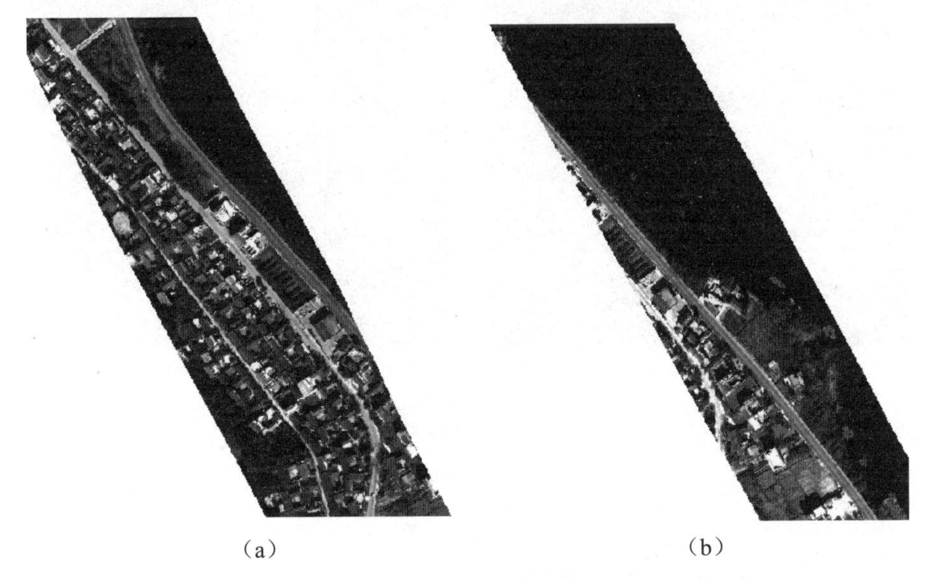

（a）　　（b）

图 3-30　2 幂子图像

（a）航带 1；（b）航带 2

表 3-11　城区 - 改进的相位相关法信噪比计算

航带 1 信噪比		航带 2 信噪比	
波段	信噪比	波段	信噪比
band 149	126.065	band 85	61.162 5
band 147	122.959	band 78	58.483 9
band 146	119.362	band 72	56.684 6
band 94	115.261	band 80	56.303 0
band 139	113.867	band 70	55.877 4
band 145	113.524	band 73	55.781 9
band 148	112.917	band 81	55.132 8
band 116	111.828	band 82	54.920 9
band 135	111.815	band 75	54.916 4
band 110	111.81	band 74	54.560 9

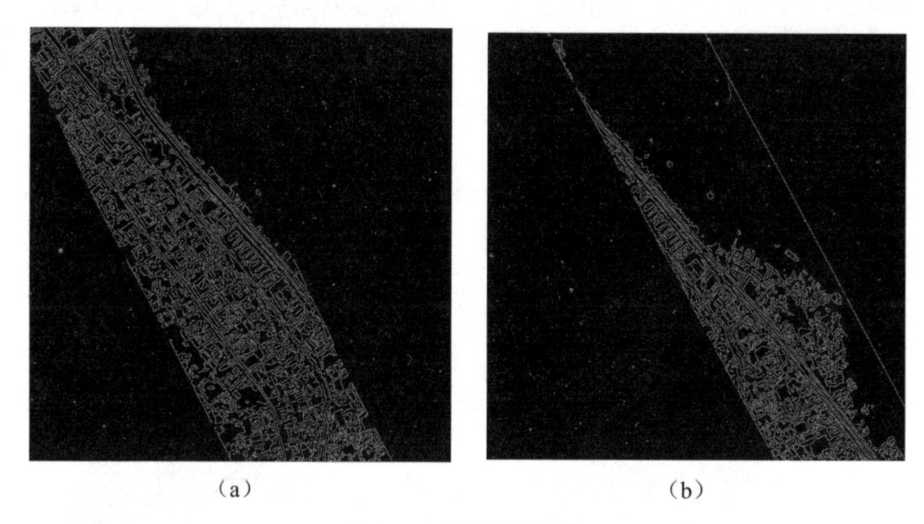

（a） （b）

图 3-31　边缘检测结果

（a）航带 1；（b）航带 2

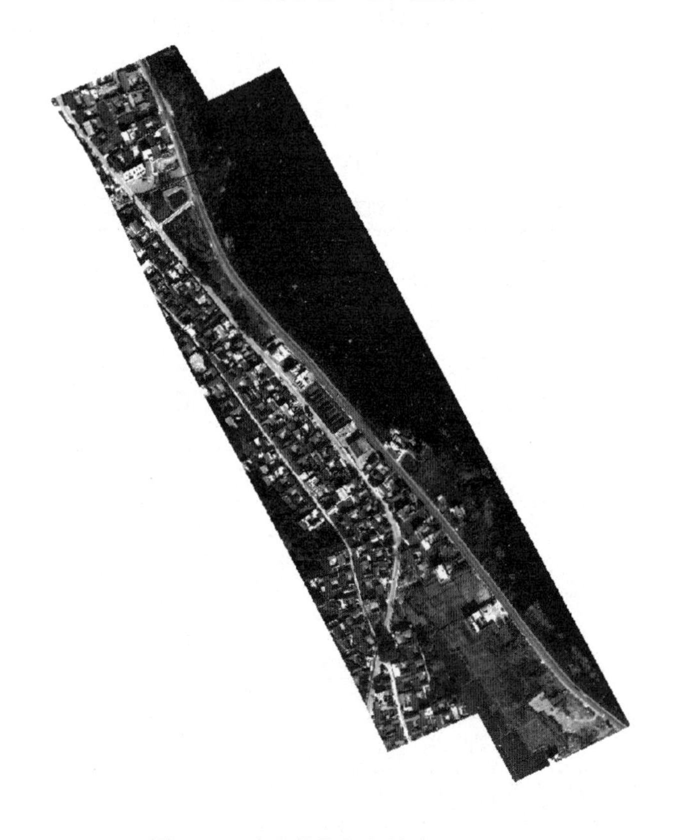

图 3-32　改进的相位相关法配准结果

3. 结果分析

从配准时间和配准精度上比较两种方法的优劣。实验平台配置如下：Intel（R） Xeon （R） CPU E5-2630 v4 @ 2.20 GHz 2.20 GHz（2 处理器），内存为 32 GB。SIFT 算法用 Python 平台编写，相位相关法用 Matlab 平台编写。从配准时间上看，SIFT 算法耗时 5.395 s，改进的相位相关法耗时 0.329 s，改进的相位相关法明显要快于 SIFT 算法。从配准精度来看，在重叠区域选择 10 个同名点，同名点坐标如表 3-12 和表 3-13 所示，用相同的同名点分别计算它们的几何精度评价指标，计算结果如表 3-14 和表 3-15 所示。

表 3-12　改进的相位相关法配准得到的重叠区坐标

点号	航带 2 坐标		航带 1 坐标	
	x_2	y_2	x_1	y_1
1	610 023.606 0	2 868 548.307 8	610 026.421 8	2 868 547.783 5
2	610 043.783 9	2 868 497.273 6	610 046.357 2	2 868 498.910 0
3	610 112.247 1	2 868 400.171 2	610 112.075 3	2 868 400.652 3
4	610 089.777 0	2 868 380.117 6	610 089.339 3	2 868 381.518 1
5	610 162.349 5	2 868 308.967 1	610 161.865 4	2 868 309.650 6
6	610 160.762 3	2 868 259.536 5	610 158.906 9	2 868 260.017 5
7	609 963.557 0	2 868 622.707 4	609 965.295 0	2 868 620.273 3
8	609 854.014 5	2 868 908.226 9	609 857.564 3	2 868 904.787 6
9	610 107.858 3	2 868 379.641 4	610 107.691 9	2 868 380.008 7
10	609 988.267 1	2 868 551.326 7	609 987.408 1	2 868 550.199 2

表 3-13　SIFT 算法配准得到的重叠区坐标

点号	航带 2 坐标		航带 1 坐标	
	x_2	y_2	x_1	y_1
1	610 022.523 5	2 868 546.997 1	610 026.421 8	2 868 547.783 5
2	610 043.294 3	2 868 496.139 3	610 046.357 2	2 868 498.910 0
3	610 110.700 9	2 868 399.209 2	610 112.075 3	2 868 400.652 3
4	610 087.385 6	2 868 379.347 9	610 089.339 3	2 868 381.518 1

续表

点号	航带 2 坐标		航带 1 坐标	
	x_2	y_2	x_1	y_1
5	610 159.566 3	2 868 308.211 2	610 161.865 4	2 868 309.650 6
6	610 156.536 1	2 868 259.364 7	610 158.906 9	2 868 260.017 5
7	609 964.764 9	2 868 621.767 9	609 965.295 0	2 868 620.273 3
8	609 856.809 3	2 868 905.374 8	609 857.564 3	2 868 904.787 6
9	610 105.453 1	2 868 378.868 3	610 107.691 9	2 868 380.008 7
10	609 988.159 7	2 868 550.306 6	609 987.408 1	2 868 550.199 2

表 3-14　基于改进的相位相关法配准精度评价

变量	均值 /m	中误差 /m	平均绝对偏差 /m	中位数绝对偏差 /m	标准偏差 /m	最大值 /m
x	−0.670 25	1.166 4	1.599 2	0.689 9	1.101 9	3.549 8
y	0.247 54	1.081 3	1.307 0	1.551 7	0.861 8	3.439 3
xoy	—	1.590 5	—	—	1.398 9	—

表 3-15　基于 SIFT 算法配准精度评价

变量	均值 /m	中误差 /m	平均绝对偏差 /m	中位数绝对偏差 /m	标准偏差 /m	最大值 /m
x	−1.673 1	1.210 4	0.956 94	2.847 8	1.132 6	3.062 9
y	−0.821 38	1.155 2	0.971 38	1.070 8	0.813 7	2.770 7
xoy	—	1.673 1	—	—	1.394 5	—

由表 3-14、表 3-15 可以看出，对于城区数据，基于改进的相位相关法配准精度和基于 SIFT 算法配准精度相差不大，考虑到时间因素，改进的相位相关法要优于 SIFT 算法。

（六）河道对比实验

1. SIFT 算法配准实验

对校正过的河道数据进行信噪比的计算，将信噪比的计算结果按从大到小的顺序排列，前十名的波段如表 3-16 所示。

此处选择波段 band 49 作为配准波段。运用 SIFT 算子配准，经过 RANSAC 算法进行提纯后的特征点分布如图 3-33 所示。经统计，提取的特征点共 111 个，可以看出特征点比城区检测到的特征点要少，且特征点均密集地分布在影像左侧的岸边处。以航带 2 为基准对航带 1 进行仿射变换，实现两幅影像的配准，配准结果如图 3-34 所示。

表 3-16　SIFT 算法信噪比计算

航带 1 信噪比		航带 2 信噪比	
波段	信噪比	波段	信噪比
band 43	118.664	band 49	101.763 0
band 56	115.281	band 51	99.453 3
band 47	114.892	band 46	98.926 4
band 52	114.617	band 54	97.960 4
band 41	113.737	band 45	97.705 4
band 49	113.339	band 44	97.489 1
band 45	112.836	band 55	97.366 5
band 46	112.774	band 48	96.469 2
band 48	112.749	band 52	96.448 5
band 57	110.966	band 41	96.204 2

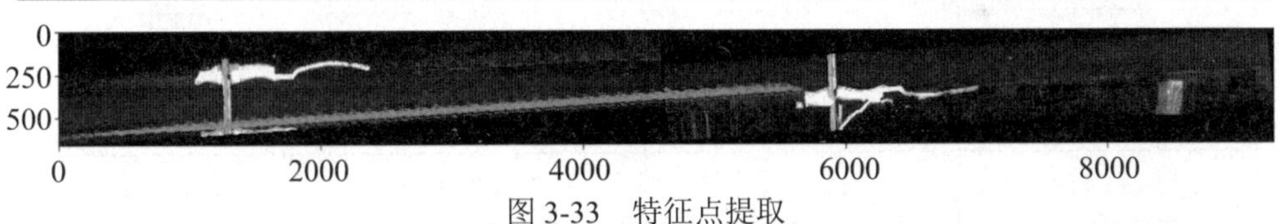

图 3-33　特征点提取

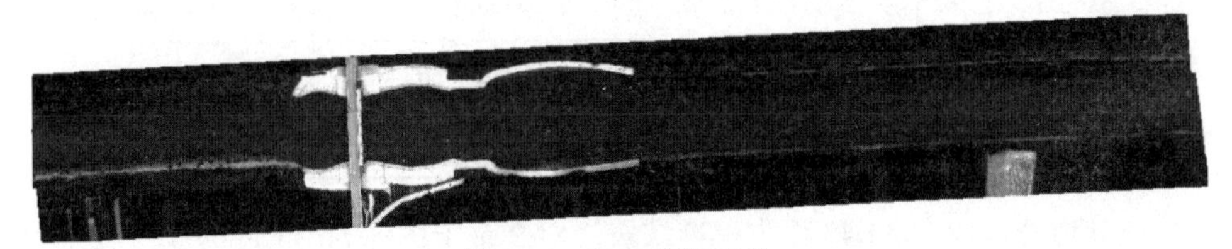
图 3-34　SIFT 配准结果

2. 改进的相位相关法配准实验

从校正过的河道数据中获取 2 幂子图像，如图 3-35 所示，对 2 幂子图像进行信噪比的计算，将信噪比的计算结果按从大到小的顺序排列，前十名的波段如表 3-17 所示。

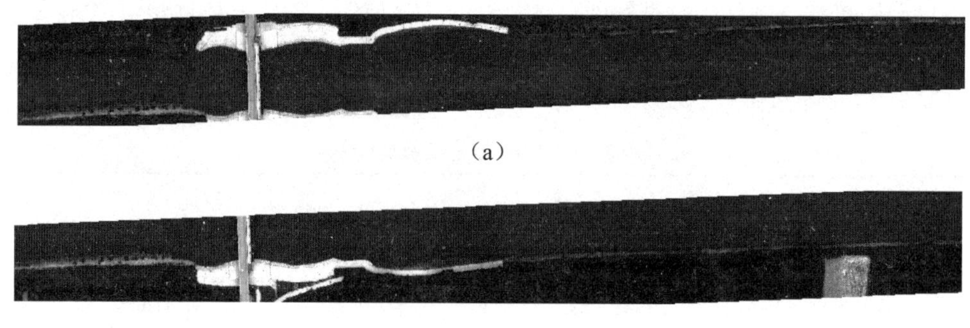

（a）

（b）

图 3-35　2 幂子图像

（a）航带 1；（b）航带 2

表 3-17　改进的相位相关法信噪比计算

航带 1 信噪比		航带 2 信噪比	
波段	信噪比	波段	信噪比
band 42	119.433	band 47	99.751 1
band 49	118.005	band 48	98.739 9
band 46	115.543	band 46	98.060 7
band 44	115.506	band 52	96.718 4
band 48	115.069	band 51	96.322 1
band 50	112.693	band 49	96.002 0
band 41	112.566	band 50	95.688 9
band 52	112.144	band 40	94.950 2
band 38	112.109	band 56	94.936 0
band 51	111.819	band 38	94.209 7

此处选择波段 band 47 作为配准波段。对 2 幂子图像利用 Canny 算子进行边缘检测，检测结果如图 3-36 所示。对边缘检测的结果运用相位相关法算子配准，以航带 2 为基准对航带 1 进行相似变换，实现两幅影像的配准，配准结果如图 3-37 所示。

3. 结果分析

从配准时间上看，SIFT 算法耗时 4.082 s，改进的相位相关法耗时 1.169 s，改进的相位相关法明显要快于 SIFT 算法。从配准精度来看，在重叠区域选择 10 个同名点，同名点坐标如表 3-18 和表 3-19 所示，用相同的同名点分别计算它们的几何精度评价指标，计算结果如表 3-20 和表 3-21 所示。

(a)

(b)

图 3-36　边缘检测结果

(a) 航带 1；(b) 航带 2

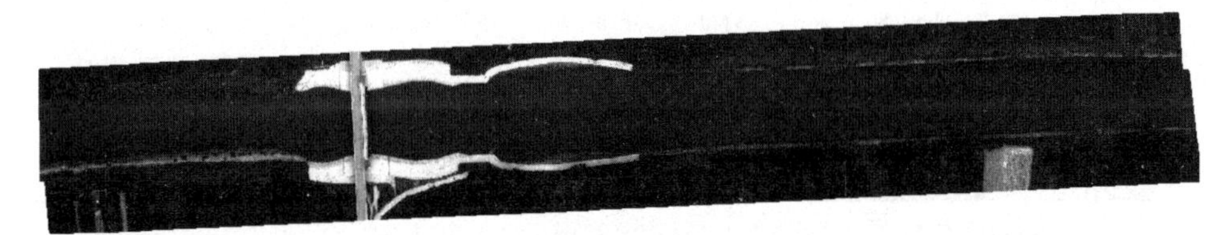

图 3-37　改进的相位相关法配准结果

由表 3-21 可以看出，对于河道数据，基于 SIFT 算法的配准精度要高于基于改进的相位相关法的配准精度。

表 3-18　改进的相位相关法配准得到的重叠区坐标

点号	航带 1 坐标		航带 2 坐标	
	x_1	y_1	x_2	y_2
1	455 778.657 4	4 161 445.856 7	455 783.608 0	4 161 446.889 6
2	455 794.607 3	4 161 445.659 2	455 800.378 2	4 161 446.605 8
3	456 055.495 7	4 161 440.457 6	456 056.680 2	4 161 440.594 1
4	456 071.100 8	4 161 442.093 3	456 072.539 0	4 161 444.982 8
5	456 071.080 9	4 161 434.725 8	456 072.503 4	4 161 437.323 4
6	456 152.570 5	4 161 435.884 4	456 155.848 4	4 161 436.502 9

续表

点号	航带1坐标		航带2坐标	
	x_1	y_1	x_2	y_2
7	456 184.213 6	4 161 432.821 7	456 188.683 1	4 161 433.184 1
8	456 193.321 6	4 161 468.318 4	456 197.630 3	4 161 469.019 4
9	455 939.102 0	4 161 448.303 4	455 938.851 9	4 161 448.314 5
10	455 894.749 7	4 161 447.805 4	455 896.151 6	4 161 448.052 8

表 3-19　SIFT 算法配准得到的重叠区坐标

点号	航带1坐标		航带2坐标	
	x_1	y_1	x_2	y_2
1	455 780.270 0	4 161 445.665 0	455 783.608 0	4 161 446.889 6
2	455 796.153 5	4 161 445.576 7	455 800.378 2	4 161 446.605 8
3	456 057.193 0	4 161 440.381 6	456 056.680 2	4 161 440.594 1
4	456 072.750 1	4 161 442.753 0	456 072.539 0	4 161 444.982 8
5	456 072.771 4	4 161 434.725 8	456 072.503 4	4 161 437.323 4
6	456 154.178 6	4 161 435.822 5	456 155.848 4	4 161 436.502 9
7	456 185.864 5	4 161 432.821 7	456 188.683 1	4 161 433.184 1
8	456 195.156 4	4 161 468.194 7	456 197.630 3	4 161 469.019 4
9	455 940.566 5	4 161 448.290 2	455 938.851 9	4 161 448.314 5
10	455 896.440 2	4 161 447.496 1	455 896.151 6	4 161 448.052 8

表 3-20　基于改进的相位相关法配准精度评价

变量	均值 /m	中误差 /m	平均绝对偏差 /m	中位数绝对偏差 /m	标准偏差 /m	最大值 /m
x	−2.797 5	1.485 6	1.758 1	0.956 15	1.606 9	3.770 9
y	−0.954 35	1.247 0	0.731 39	0.412 35	0.950 64	2.889 5
xoy	—	1.939 5	—	—	1.867 0	—

表 3-21　基于 SIFT 算法配准精度评价

变量	均值 /m	中误差 /m	平均绝对偏差 /m	中位数绝对偏差 /m	标准偏差 /m	最大值 /m
x	−1.153 0	1.219 1	1.752 0	1.018 0	1.596 1	4.224 7
y	−0.974 21	1.261 3	0.636 85	0.195 85	0.801 09	2.597 6
xoy	—	1.754 1	—	—	1.785 8	—

（七）林地对比实验

1. SIFT 算法配准实验

对校正过的林地数据进行信噪比的计算，将信噪比的计算结果按从大到小的顺序排列，前十名的波段如表 3-22 所示。

表 3-22　SIFT 算法信噪比计算

航带 1 信噪比		航带 2 信噪比	
波段	信噪比	波段	信噪比
band 54	87.882 2	band 58	78.821 7
band 58	84.557 3	band 55	78.789 4
band 59	83.598 7	band 138	76.931 1
band 55	82.403 8	band 57	76.165 8
band 52	82.010 4	band 155	75.640 2
band 53	81.177 1	band 50	75.547 8
band 61	80.161 3	band 139	75.492 1
band 51	79.135 4	band 56	75.101 6
band 56	77.840 9	band 62	74.791 9
band 60	77.772 2	band 53	74.634 7

此处选择波段 band 58 作为配准波段。运用 SIFT 算子配准，经过 RANSAC 算法进行提纯后的特征点分布如图 3-38 所示。经统计，提取的特征点共 13 个，可以看出针对地物特征不明显的影像，SIFT 算法的检测能力也大大下降，但是依然满足仿射变换的条件。以航带 2 为基准对航带 1 进行仿射变换，实现两幅影像的配准，配准结果如图 3-39 所示。

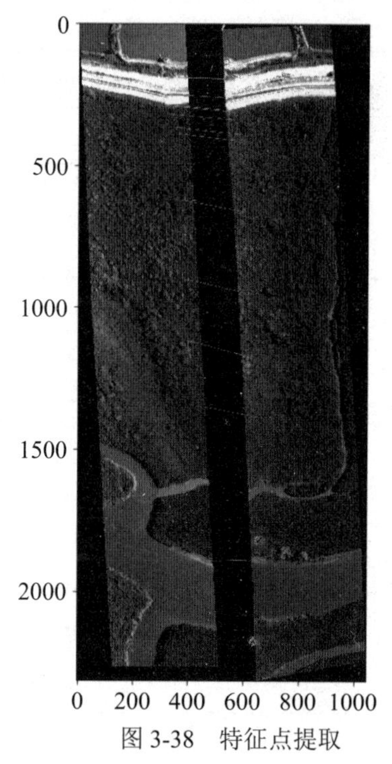

图 3-38 特征点提取

图 3-39 SIFT 配准结果

2. 改进的相位相关法配准实验

在运用 2 幂子图像的边缘检测结果进行相位相关法计算时，所得到的偏移量出现错误，在林地数据上运用相位相关法，该算法失效。

3. 结果分析

改进的相位相关法对于地物复杂度低的影像会失效，因此对于这种影像只能采用 SIFT 算法进行配准。在配准时间上，SIFT 算法耗时 7.483 s。

在配准精度上，在重叠区域选择 10 个同名点，同名点坐标如表 3-23 所示，计算它们的几何精度评价指标，计算结果如表 3-24 所示。由表 3-24 可以看出，对于林地数据，基于 SIFT 算法的配准精度在 1.9 m 左右。

表 3-23 SIFT 算法配准得到的重叠区坐标

点号	航带 1 坐标		航带 2 坐标		残差	
	x_1	y_1	x_2	y_2	Δx	Δy
1	371 716.670 1	2 385 770.066 7	371 715.510 5	2 385 771.071 8	1.159 6	−1.005 1
2	371 714.026 5	2 385 736.448 9	371 712.987 4	2 385 736.284 0	1.039 1	0.164 9
3	371 732.723 8	2 385 418.588 7	371 733.126 4	2 385 416.726 4	−0.402 6	1.862 3

续表

点号	航带1坐标		航带2坐标		残差	
	x_1	y_1	x_2	y_2	Δx	Δy
4	371 734.552 9	2 385 351.430 9	371 734.713 9	2 385 351.350 4	−0.161 0	0.080 5
5	371 727.751 2	2 385 532.876 5	371 727.554 6	2 385 534.154 4	0.196 6	−1.277 9
6	371 728.819 1	2 385 294.120 2	371 727.497 9	2 385 296.951 4	1.321 2	−2.831 2
7	371 728.106 8	2 385 564.286 7	371 727.402 2	2 385 564.739 7	0.704 6	−0.453 0
8	371 728.054 6	2 385 735.893 0	371 729.099 5	2 385 735.929 7	−1.044 9	−0.036 7
9	371 721.427 2	2 385 410.971 4	371 721.990 9	2 385 407.951 5	−0.563 7	3.019 9
10	371 728.823 4	2 385 404.737 7	371 730.207 5	2 385 402.095 3	−1.384 1	2.642 4

表 3-24　基与 SIFT 算法配准精度评价

变量	均值 /m	中误差 /m	平均绝对偏差 /m	中位数绝对偏差 /m	标准偏差 /m	最大值 /m
x	0.086 4	0.906 5	0.797 7	1.401 9	0.902 4	1.384 1
y	0.216 6	1.745 5	1.375 0	2.620 5	1.732 1	3.019 9
xoy	—	1.966 9	—	—	1.953 0	—

七、影像配准实验结果分析

对于城区数据，改进的相位相关法和 SIFT 算法在配准精度上相差不大，配准误差在 1.39 m 左右，但运行速度改进的相位相关法明显快于 SIFT 算法，因此城区数据可选择改进的相位相关法进行配准；对于河道数据，SIFT 算法的配准精度高于改进的相位相关法配准精度，其配准误差在 1.78 m 左右，运行速度改进的相位相关法快于 SIFT 算法，因此优先考虑配精度，河道数据可选择 SIFT 算法进行配准；对于林地数据，由于改进的相位相关法失效，因此只能采用 SIFT 算法进行配准，其配准误差为 1.9 m。

第四节　多航带高光谱反射率数据影像融合

两条航带经过配准后，需要对重叠区域进行融合以消除或削弱航带间的亮度差异并使两张影像变成一张影像。本书针对图像融合中的加权平均融合和最佳缝合线融合方法进行了对比实验，并对三类影像进行融合实验，评价了拼接前后高光谱影像的光谱保真性。

一、影像融合方法

如果对影像直接进行拼接，会出现明显的拼接缝，出现这种差异的原因有两个，一是由于光照差异、仪器本身等原因造成的，二是由于配准误差的存在导致的，因此，在拼接时需要对两条航带的重叠区域进行融合处理，以消除或削弱拼接缝现象。无人机高光谱影像的融合适合采用像素级融合方法，常见的像素级融合方法包括直接平均融合、加权平均融合、最佳缝合线融合、小波变换融合等。

（一）直接平均融合

直接平均融合法就是对重叠区域的像素值的进行平均，其计算公式为

$$f(x,y)=\begin{cases} f_1(x,y) & (x,y)\in f_1 \\ (f_1(x,y)+f_2(x,y)\ \ /2 & (x,y)\in f_1\cap f_2 \\ f_2(x,y) & (x,y)\in f_2 \end{cases} \tag{3-78}$$

式中：$f_1(x,y)$ 和 $f_2(x,y)$ 分别为两幅待拼接的影像；$f(x,y)$ 为拼接后的影像。

该方法计算简单、容易实现，但是它未考虑到非重叠区域中与拼接缝距离较近像点，融合后的影像拼接痕迹不能完全去除，还可能会出现模糊现象。因此该方法只适用于两幅亮度一致且无配准误差的影像，无法满足大多数在实际情况中的应用。

（二）加权平均融合

相对于直接平均法，加权平均法引入了权值的概念，对于待拼接图像 $f_1(x,y)$ 和 $f_2(x,y)$，拼接后的图像 $f(x,y)$ 可表示为

$$f(x,y)=\begin{cases} f_1(x,y) & (x,y)\in f_1 \\ w_1 f_1(x,y)+w_2 f_2(x,y) & (x,y)\in f_1\cap f_2 \\ f_2(x,y) & (x,y)\in f_2 \end{cases} \tag{3-79}$$

式中：w_1 和 w_2 为权重，$w_1\geqslant 0$，$w_2\leqslant 1$ 且满足 $w_1+w_2=1$。

一般权值选择策略分为两种：帽子函数法和渐入渐出法。

1. 帽子函数法

帽子函数的表达式为

$$w_i(x,y)=\left(1-\left|\frac{x}{W_i}-\frac{1}{2}\right|\right)\times\left(1-\left|\frac{y}{H_i}-\frac{1}{2}\right|\right) \tag{3-80}$$

式中：W_i 和 H_i 分别表示图像的宽度和高度。

帽子函数的曲线如图 3-40 所示。

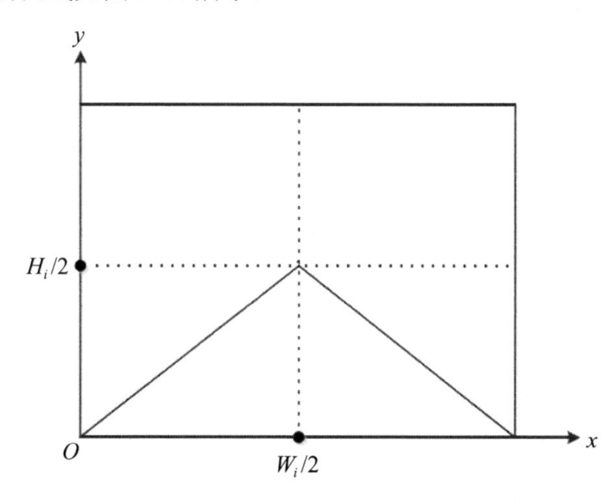

图 3-40　帽子函数曲线

为了满足 $\sum_i w_i = 1$，需要对权函数进行归一化，其表达式为

$$w_i'(x,y) = \frac{w_i(x,y)}{\sum_{i=1}^{n} w_i(x,y)} \tag{3-81}$$

2. 渐入渐出法

渐入渐出法的数学表达式为

$$f(x,y) = \begin{cases} f_1(x,y) & (x,y) \in f_1 \\ w_1 f_1(x,y) + w_2 f_2(x,y) & (x,y) \in f_1 \cap f_2 \\ f_2(x,y) & (x,y) \in f_2 \end{cases} \tag{3-82}$$

式中，权重函数的取值与其在影像中的位置有关。设重叠区域中的任意一点 D 的坐标为 (x,y)，它距重叠区域左边界的距离为 width，则该点的权重为

$$\begin{cases} w_1(x,y) = \dfrac{D - \text{width}}{D} \\ w_2(x,y) = \dfrac{\text{width}}{D} \end{cases} \tag{3-83}$$

渐入渐出函数的曲线如图 3-41 所示，可以看出，在重叠区域中，图像 f_1 的

权重 w_1 由 1 渐变到 0，图像 f_2 的权重 w_2 由 0 渐变到 1，图像亮度以线性过渡。对于静态的无配准误差的影像，加权平均融合算法可以取得良好的效果，但当待拼接影像中有动态物体或者配准存在较大误差时，该算法就会产生明显的重影问题。

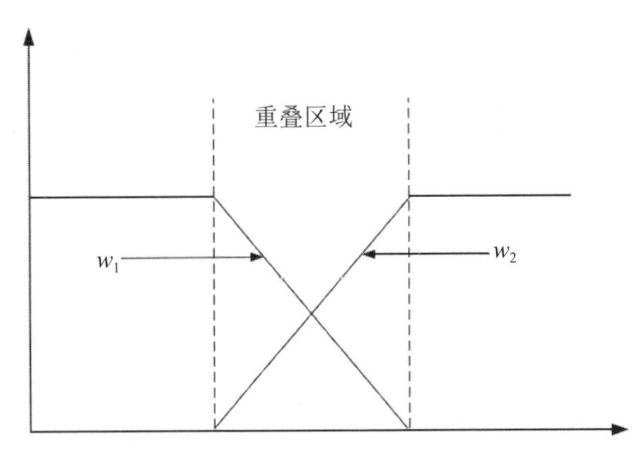

图 3-41　渐入渐出函数曲线

二、最佳缝合线融合

最佳缝合线融合是在影像重叠区的中心区附近取一条不规则线段，该线段两侧的图像像素在颜色强度上差异最小，空间结构和纹理在几何结构上也最为相似，以不规则线段为中心建立一定宽度的缓冲区，结合加权平均融合或其他融合方法对重叠区域进行处理，避免出现鬼影问题。

缝合线上的像素点都要基于以下两个准则：一是该像素点在两幅源图像上的颜色差值最小；二是该像素点在两幅源图像上的结构最相似。在动态规划的方法中，最佳拼接线的计算准则为

$$E(x,y)=E_{\mathrm{color}}(x,y)^2+E_{\mathrm{geometry}}(x,y) \tag{3-84}$$

式中，$E_{\mathrm{color}}(x,y)$表示重叠区域像素点的颜色差值；$E_{\mathrm{geometry}}(x,y)$表示重叠区域像素点的结构差值，可以表示为

$$E_{\mathrm{geometry}}(x,y)=Diff\,(f_1(x,y),f_2(x,y)) \tag{3-85}$$

式中：$Diff\,()$ 表示两幅影像 f_1 和 f_2 在 x 和 y 方向梯度之差的积，采用如下模板计算梯度：

$$S_x=\begin{bmatrix}-2 & 0 & 2\\ -1 & 0 & 1\\ -2 & 0 & 2\end{bmatrix},\quad S_y=\begin{bmatrix}-2 & -1 & -2\\ 0 & 0 & 0\\ 2 & 1 & 2\end{bmatrix} \tag{3-86}$$

根据拼接线的计算准则，对两幅图像重叠区域进行差运算，从而生成一幅差值图像，利用此差值图像寻找最佳缝合线，具体步骤如下：

（1）初始化。将影像第一行的各像点定义为一条缝合线，并将其强度值初始化为各个像点的准则值。

（2）扩展。向下一行进行扩展，方法为分别计算该点与该点紧邻的下一行的 3 个像素点的准则值的和，比较这三个强度值，取最小的值对应的像素点作为该缝合线的扩展方向，然后更新此缝合线的强度值，按此方法一直扩展直到最后一行为止。

（3）选择最佳缝合线。计算所有缝合线的强度值，选择强度值最小的缝合线作为影像拼接的最佳缝合线。

最佳缝合线法从融合的效果来看是最佳的方法，它能够有效地消除鬼影现象，但在实际应用中计算过程复杂，不适用于快速融合。

三、小波变换融合

小波变换的方法是先将图像通过小波变换分解成不同尺度的小波分量，从而将图像转换到频域，由于小波变换具有带通滤波的性质，根据该特性可将其划分成几个不同的频域，在各个频域中按照某种融合准则分别完成图像的融合，最后再重新组合成一幅融合图像。小波变换方法具有良好的频域和时域特性，并在融合时能够避免各子图之间的相互影响，因而具有较好的拼接效果，但是该算法计算十分复杂、融合速度慢，且占据内存量较大，不太适合于数据量大的高光谱影像融合。

四、融合对比实验

由于直接平均融合拼接缝不能完全消除，还会出现模糊现象，小波变换融合算法十分复杂、融合速度慢，不适用于高光谱影像的拼接，所以本章只对加权平均融合和最佳缝合线融合进行对比实验。

选用城区已配准的两条航带进行加权平均融合实验，融合结果如图 3-42 所示。由细节图可以看出，由于配准误差的存在，红色房子在融合后出现了重影的情况，加权平均融合对于地物特征复杂的影像来说会有鬼影现象出现。

由于最佳缝合线融合考虑到了影像的灰度和结构，拼接线避开了穿越房屋等灰度和结构差异大的地物，因此可以避免出现鬼影现象。对于高光谱数据，不能对所有波段都进行最佳缝合线的计算，只对单波段进行计算，寻找到的最佳缝合线如图3-43所示，其拼接结果如图3-44所示。对比加权平均融合的结果，最佳缝合线融合对于城区数据能够得到更好的融合效果。

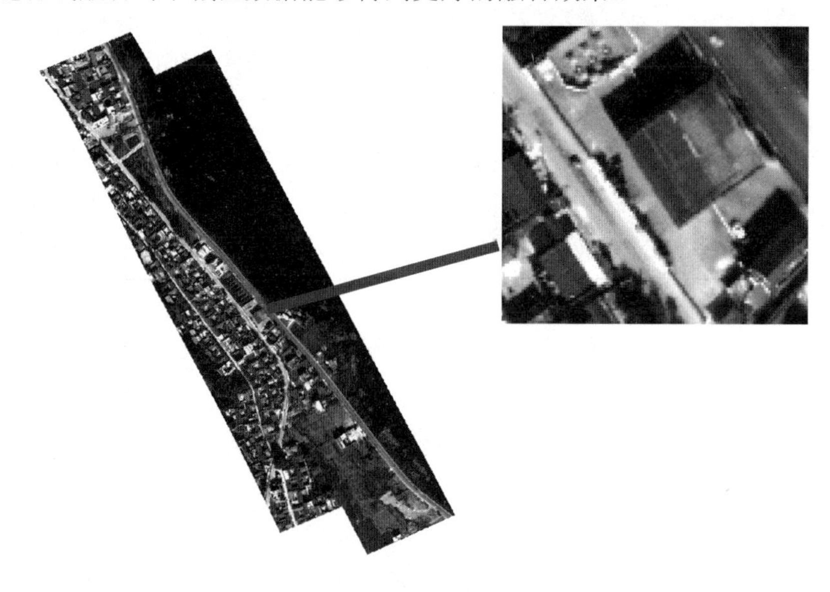

图3-42　加权平均融合结果

图3-43　最佳缝合线位置

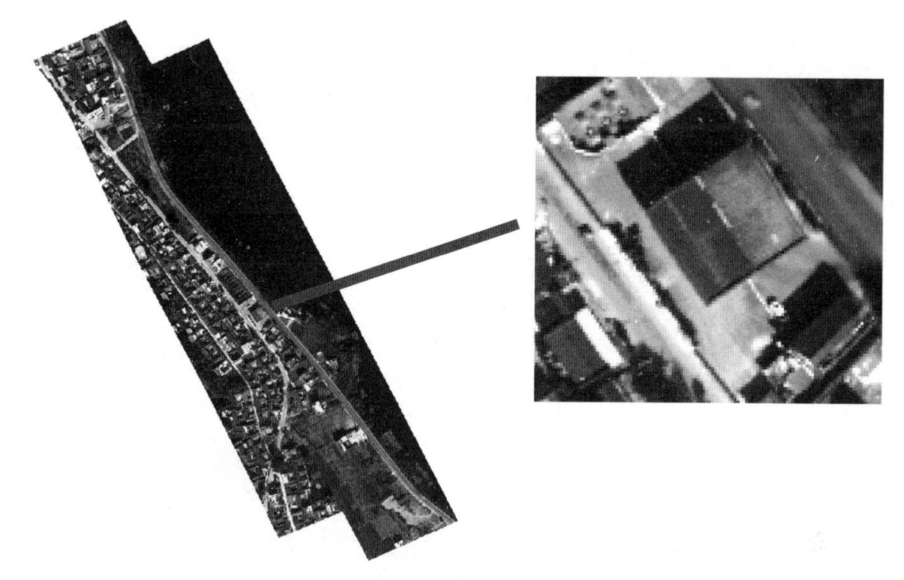

图 3-44 最佳缝合线融合结果

对于河道和林地数据，由于地物本身的灰度和结构很相似，用加权平均融合法就可以得到很好的效果，可以采用加权平均方法来进行融合。

五、光谱相似度评价指标

高光谱影像多用于水质监测、林业分析、矿产探测等，为了高光谱影像后续的应用结果准确，高光谱影像拼接后还需要关注光谱的保真性，因此除了要保证几何位置正确外，还要保证拼接前后重叠区域光谱信息变化不大。采用光谱角余弦（Spectral Angel Cosine，SAC）、光谱相关系数（Spectral Correlatin，SC）、光谱信息散度（Spectral Information Divergence，SID）和欧式距离（Euclidean Distance，ED）指标对光谱曲线相似度进行评价，其中光谱角余弦值和光谱相关系数值越大，光谱相似度越大，光谱信息散度值和欧式距离数值越小，光谱相似度越大。光谱角余弦的计算公式如下：

$$\mathrm{SAC}=\frac{x^{\mathrm{T}}y}{(x^{\mathrm{T}}x)^{1/2}(y^{\mathrm{T}}y)^{1/2}} \tag{3-87}$$

式中：x、y 分别为测试光谱和参考光谱的列向量。

光谱相关系数的计算公式如下：

$$\mathrm{SC}=\frac{\sum_{i=1}^{n}(x_i-\overline{x})(y_i-\overline{y})}{\sqrt{\sum_{i=1}^{n}(x_i-\overline{x})^2\sum_{i=1}^{n}(y_i-\overline{y})^2}} \tag{3-88}$$

式中：$\bar{x}=\frac{\sum_{i=1}^{n}x_i}{n}$，$\bar{y}=\frac{\sum_{i=1}^{n}y_i}{n}$。光谱信息散度的计算过程如下所述。

（1）设 x 和 y 两条光谱曲线的概率向量分别是 $\boldsymbol{a}=(a_1, a_2, \cdots, a_n)$ 和 $\boldsymbol{b}=(b_1, b_2, \cdots, b_n)$，其中 $a_i=\frac{x_i}{\sum_{i=1}^{n}x_i}$，$b_i=\frac{y_i}{\sum_{i=1}^{n}y_i}$；

（2）x 和 y 的自信息为

$$\begin{aligned}I_i(x)&=-\lg a_i\\ I_i(y)&=-\lg b_i\end{aligned} \tag{3-89}$$

（3）y 关于 x 的相对熵为

$$D(x\|y)=\sum_{i=1}^{n}a_i\lg\frac{a_i}{b_i}=\sum_{i=1}^{n}a_i(I_i(y)-I_i(x)) \tag{3-90}$$

x 关于 y 的相对熵为

$$D(x\|y)=\sum_{i=1}^{n}b_i\lg\frac{b_i}{a_i} \tag{3-91}$$

（4）x 和 y 的光谱信息散度为

$$SID(x,y)=D(x|\ y)+D(y|\ x) \tag{3-92}$$

欧氏距离的计算公式为

$$\mathrm{ED}=\sqrt{\sum_{i=1}^{n}(x_i-y_i)^2} \tag{3-93}$$

六、研究区影像融合实验及光谱精度评价

（一）城区图像融合实验

曲面样条函数法几何校正和改进的相位相关法配准的城区数据如图 3-45 所示。由细节图可以看出，在道路处有明显的亮度差异，运用最佳缝合线融合后的高光谱影像如图 3-46 所示。可以看出，影像间的亮度差异已消除，视觉效果良好。

（二）光谱精度评价

提取城区影像中 5 种典型地物（建筑物、水体、裸土、耕地、道路）的原始影像、几何校正后影像、拼接后影像的光谱曲线，如图 3-47 所示。图中，rec_left 表示校正后左影像，rec_right 表示校正后右影像，mosaic 表示拼接后影像，original_left 表示原始的左影像，original_right 表示原始的右影像。

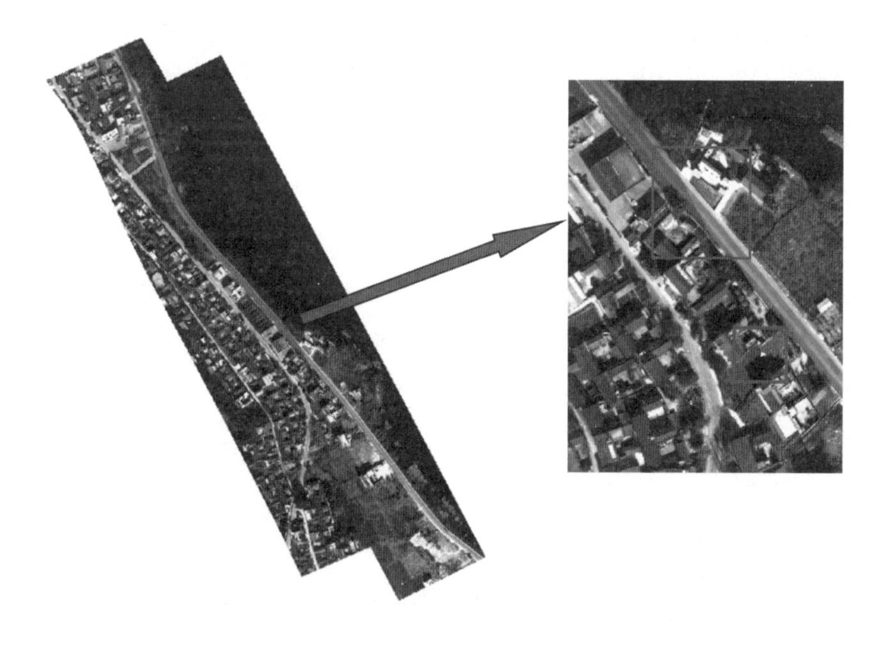

图 3-45　曲面样条函数法校正结果

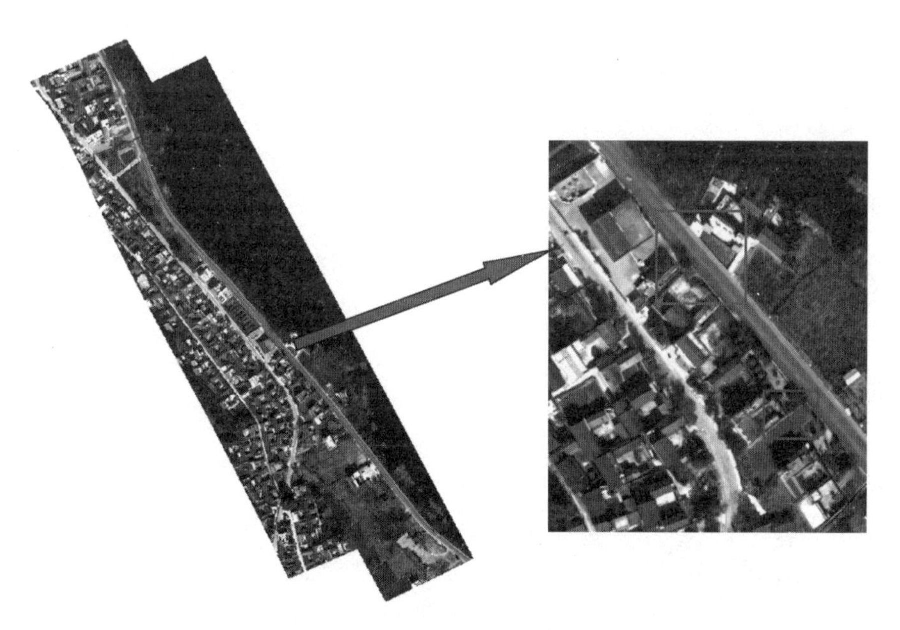

图 3-46　拼接后的高光谱影像

从图 3-47 可以看出，两张待拼接影像的光谱差异比较大，尤其是裸土和耕地部分，但融合后的光谱与校正后影像以及原始影像的光谱曲线整体走向比较接近。对拼接后重叠区域典型地物的光谱曲线、原始影像和校正后左右影像对应地物的光谱曲线采用前文介绍的光谱相似度评价指标进行评价，其计算结果如表3-25所示。

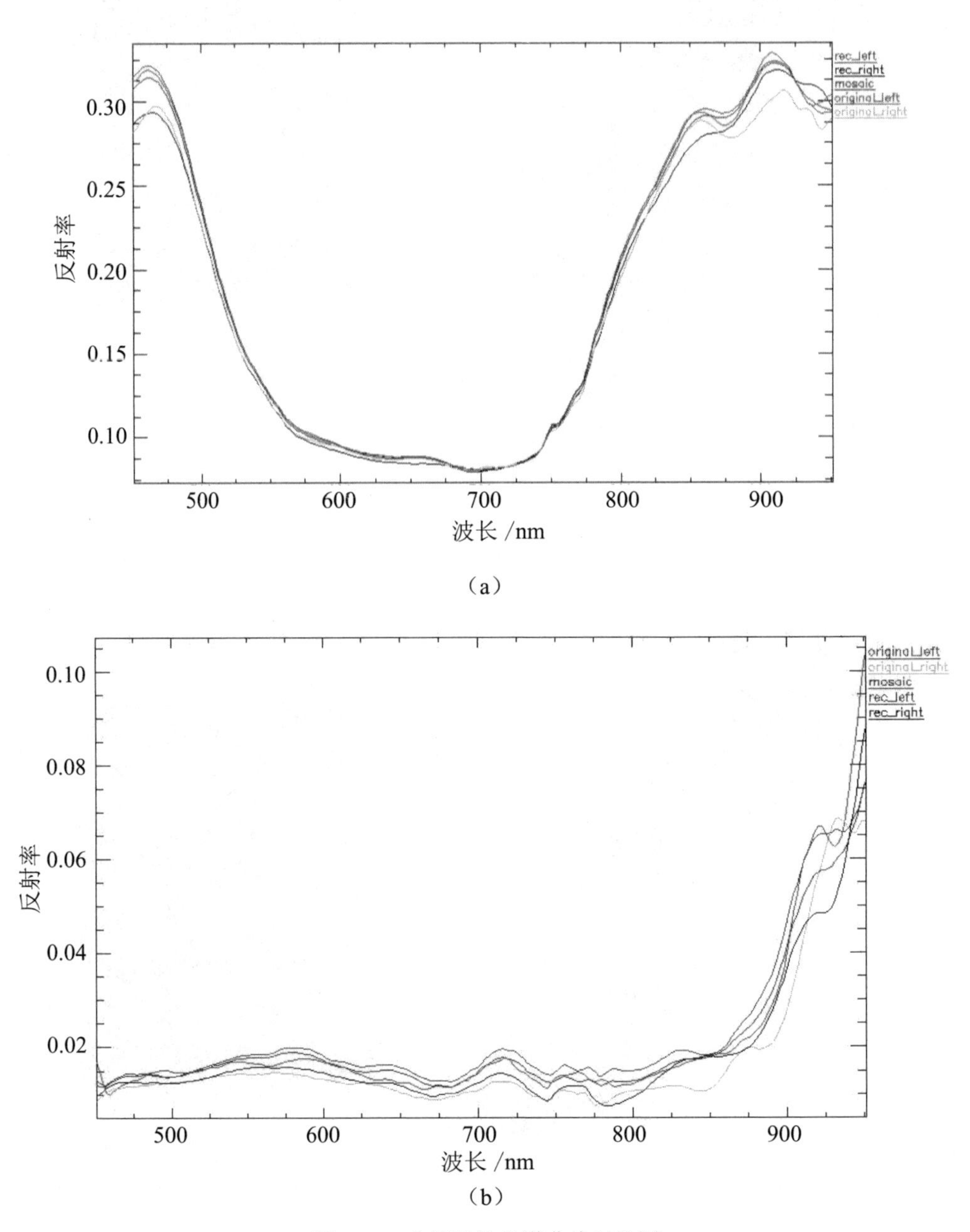

图 3-47　典型地物光谱曲线对比图

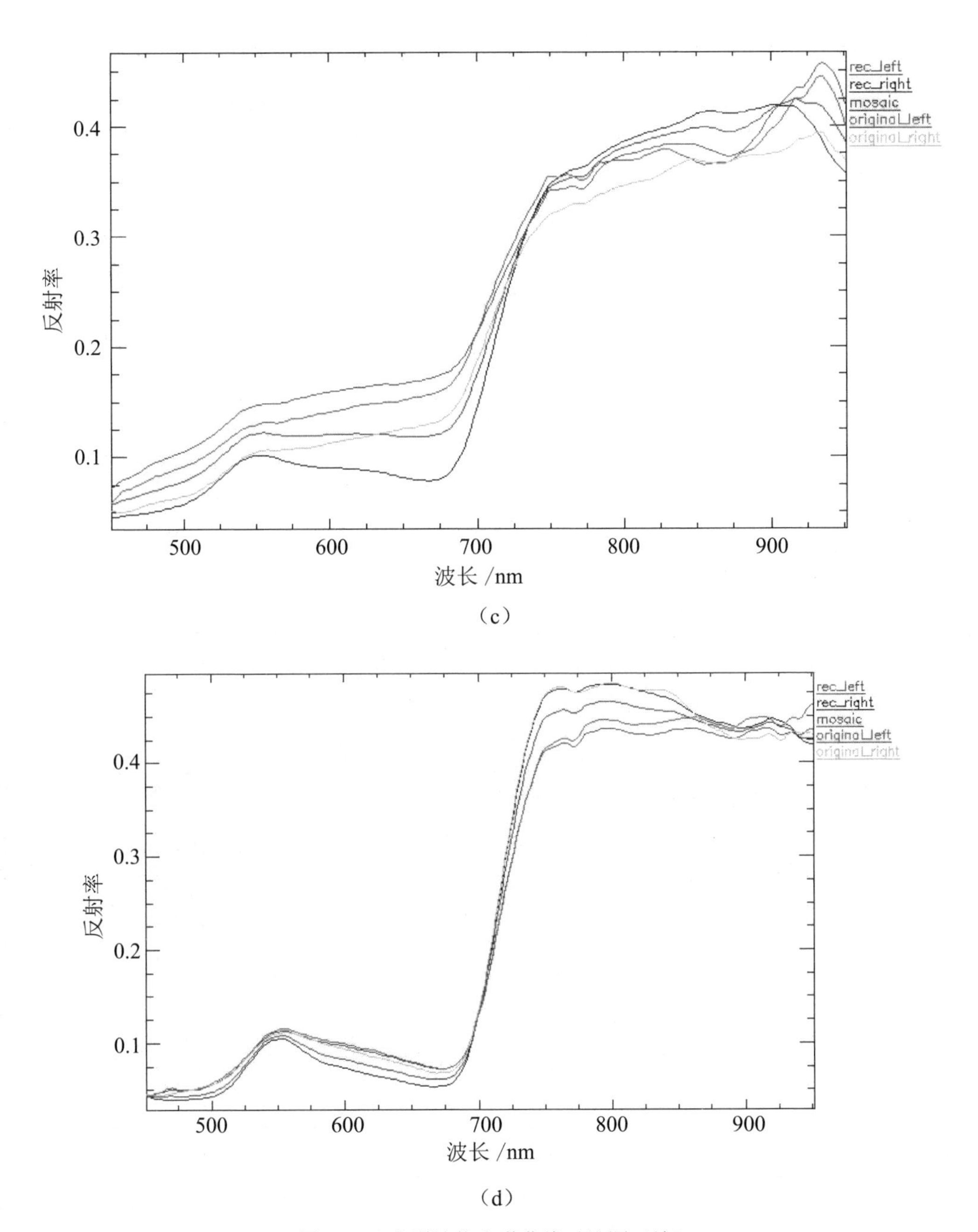

（c）

（d）

图 3-47　典型地物光谱曲线对比图（续）

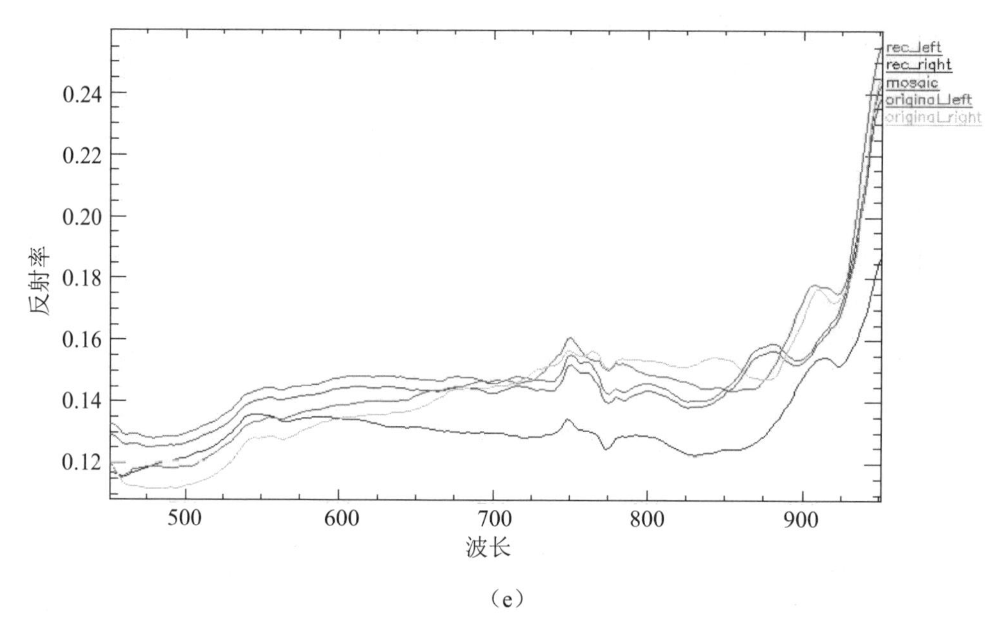

（e）

图 3-47　典型地物光谱曲线对比图（续）

（a）建筑物光谱曲线；（b）水体光谱曲线；（c）裸土光谱曲线；（d）耕地光谱曲线；（e）道路光谱曲线

表 3-25　拼接前后光谱曲线相似度评价

典型地物	评价指标	SAC	SC	SID	ED
建筑物	与校正后左影像	0.999 9	0.999 8	0.000 02	0.037 7
	与校正后右影像	0.999 7	0.998 4	0.000 22	0.111 4
	与原始左影像	0.999 9	0.999 7	0.000 04	0.040 7
	与原始右影像	0.999 8	0.999 0	0.000 23	0.131 3
水体	与校正后左影像	0.998 9	0.996 4	0.000 95	0.036 7
	与校正后右影像	0.993 4	0.986 3	0.004 79	0.051 1
	与原始左影像	0.992 3	0.989 4	0.005 48	0.058 4
	与原始右影像	0.985 7	0.977 6	0.010 66	0.071 2

续表

典型地物	评价指标	SAC	SC	SID	ED
裸土	与校正后左影像	0.995 1	0.992 1	0.007 45	0.428 9
	与校正后右影像	0.996 8	0.996 9	0.006 70	0.331 5
	与原始左影像	0.997 1	0.993 0	0.003 96	0.319 0
	与原始右影像	0.999 2	0.996 8	0.001 43	0.327 7
耕地	与校正后左影像	0.999 1	0.998 4	0.002 09	0.262 8
	与校正后右影像	0.999 7	0.999 5	0.000 87	0.166 4
	与原始左影像	0.998 6	0.997 3	0.002 31	0.240 3
	与原始右影像	0.9995	0.998 7	0.000 71	0.192 7
道路	与校正后左影像	0.999 9	0.999 2	0.000 01	0.045 7
	与校正后右影像	0.998 6	0.911 1	0.001 05	0.236 2
	与原始左影像	0.998 6	0.957 4	0.001 22	0.120 7
	与原始右影像	0.997 6	0.909 1	0.002 17	0.151 1

从表3-25可以看出，光谱角余弦（SAC）的最小值为0.985 7，最大值为0.999 9，均值为0.997 5；光谱相关系数（SC）的最小值为0.909 1，最大值为0.999 8，均值为0.984 8；光谱信息散度（SID）的最小值为0.000 02，最大值为0.010 06，均值为0.002 6；欧氏距离（ED）的最小值为0.036 7，最大值为0.331 5，均值为0.168 1。拼接影像与待拼接左右影像光谱间存在差异的主要原因为：①往返航带的光照差异导致；②实验区只设定了一块白板，往返航带的辐射定标存在误差；③两幅待拼接的影像在几何校正和图像配准后均进行了像素的重采样，导致原始光谱发生了变化。但总体来说，融合前后的光谱保真性是比较高的。

七、河道图像融合实验

（一）融合结果

进行了基于导航数据和控制点结合的几何校正和基于SIFT算法配准的河道数据如图3-48所示。从图中可以看出，两条航带的亮度差异较为明显，运用加权平均融合法融合后的高光谱影像如图3-49所示，可以看出，亮度差异基本消除，视觉效果良好。

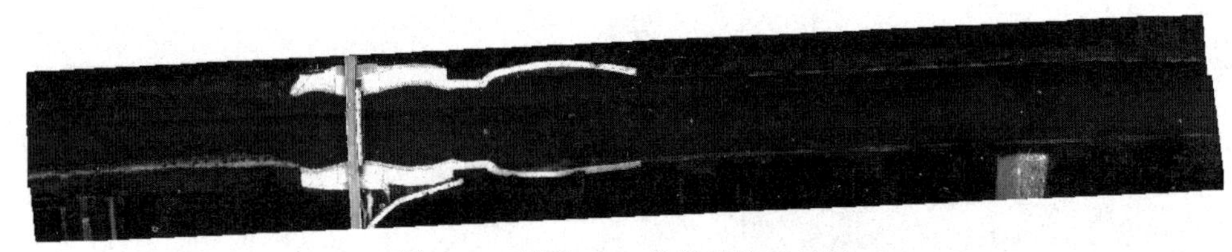

图 3-48　基于 GPS 信息的校正结果

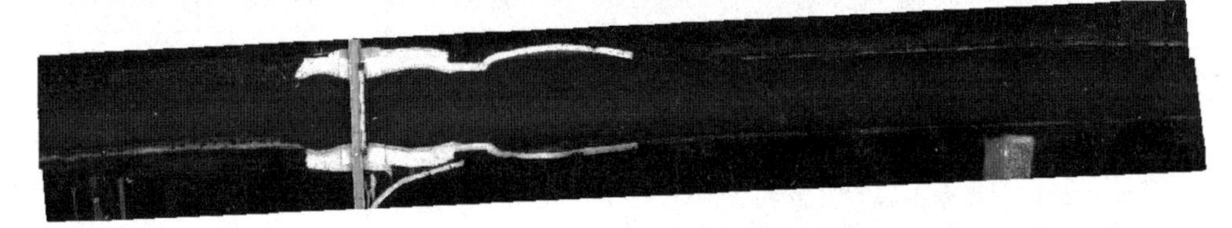

图 3-49　拼接后的高光谱影像

（二）光谱精度评价

河道影像中 4 种典型地物（水体、裸土、植被、道路）的原始影像、几何校正后影像、拼接后影像的光谱曲线，如图 3-50 所示。图中，rec_left 表示校正后左影像，rec_right 表示校正后右影像，mosaic 表示拼接后影像，original_left 表示原始的左影像，original_right 表示原始的右影像。

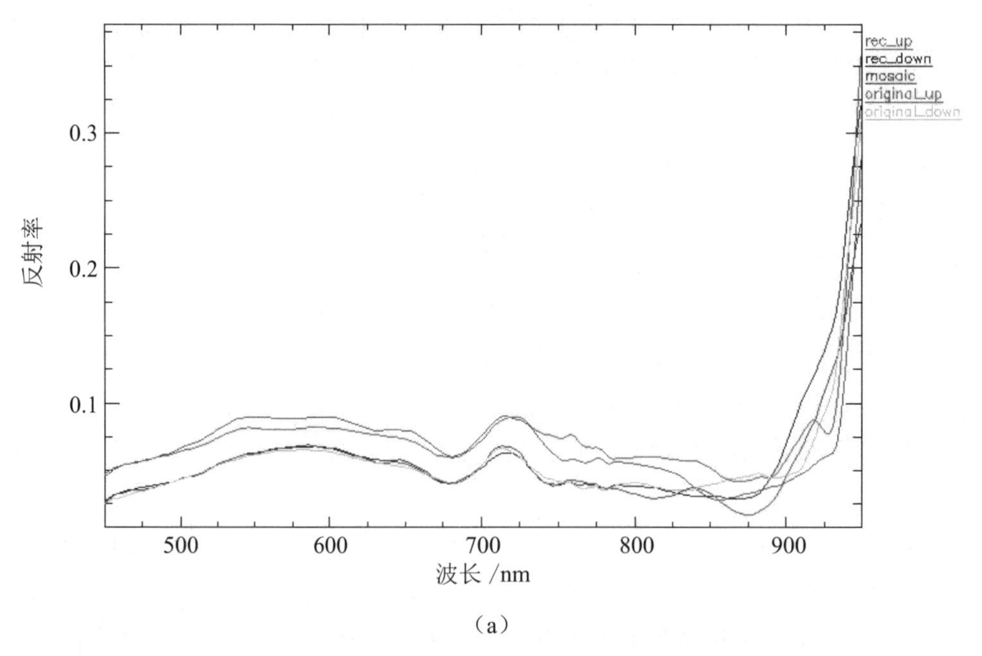

（a）

图 3-50　典型地物光谱曲线对比图

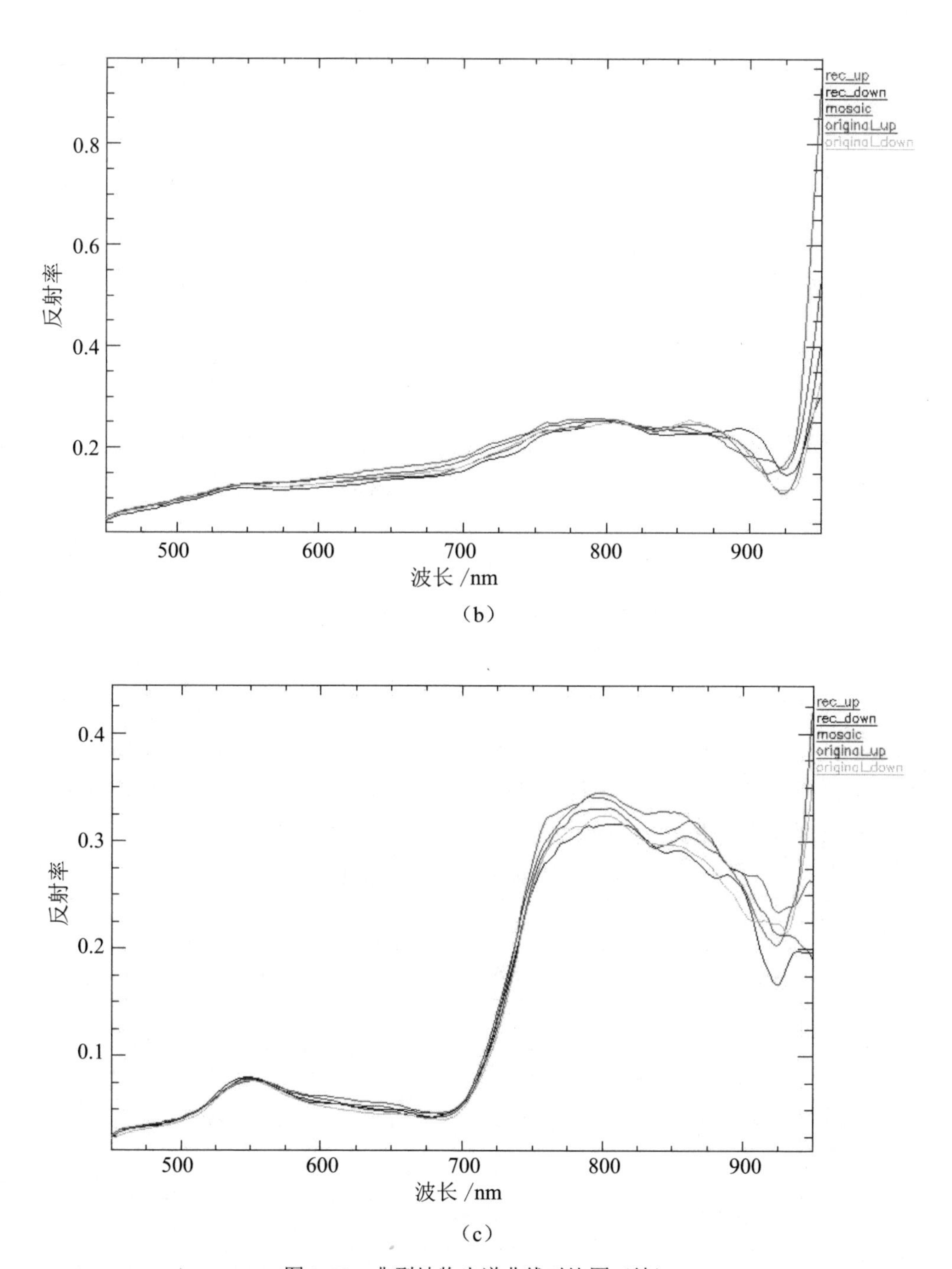

（b）

（c）

图 3-50　典型地物光谱曲线对比图（续）

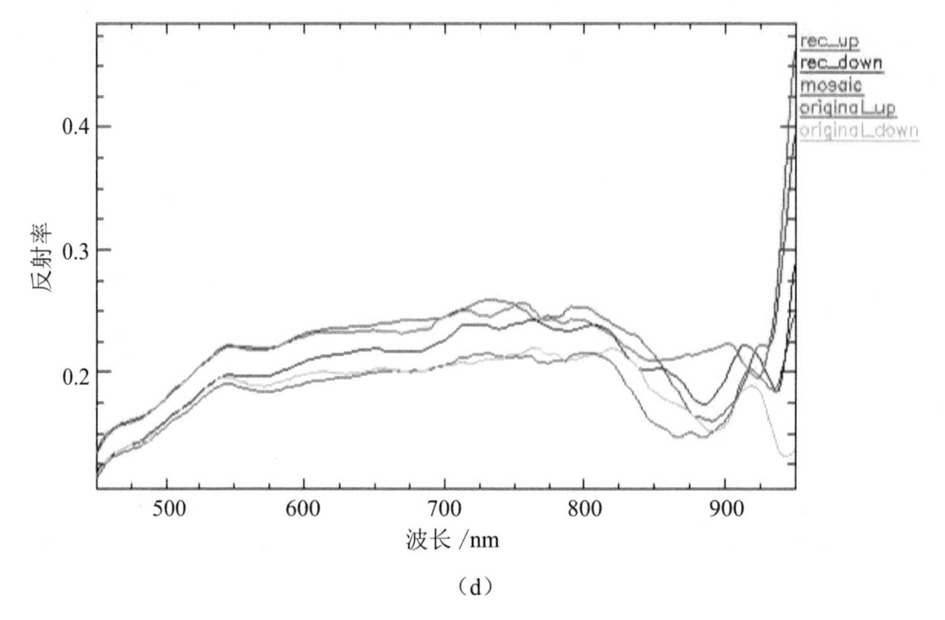

（d）

图 3-50　典型地物光谱曲线对比图（续）

（a）水体光谱曲线；（b）裸土光谱曲线；（c）植被光谱曲线；（d）道路光谱曲线

从图 3-50 可以看出，两张待拼接影像的光谱差异比较大，尤其是水体和道路部分，但拼接后的光谱、校正后影像以及原始影像的光谱曲线整体走向比较接近。对拼接后重叠区域典型地物的光谱曲线与原始影像和校正后左右影像对应地物的光谱曲线用光谱评价指标进行评价，结果如表 3-26 所示。

表 3-26　拼接前后光谱曲线相似度评价

典型地物	评价指标	SAC	SC	SID	ED
水体	与校正后上影像	0.958 6	0.835 9	0.035 05	0.346 0
	与校正后下影像	0.986 9	0.975 0	0.011 89	0.234 9
	与原始上影像	0.977 0	0.912 1	0.021 21	0.372 2
	与原始下影像	0.985 7	0.953 1	0.016 04	0.173 5
裸土	与校正后上影像	0.995 2	0.962 8	0.003 57	0.310 5
	与校正后下影像	0.995 3	0.959 8	0.003 87	0.256 8
	与原始上影像	0.960 6	0.832 2	0.018 14	0.372 9
	与原始下影像	0.998 2	0.984 9	0.001 17	0.158 3

续表

典型地物	评价指标	SAC	SC	SID	ED
植被	与校正后上影像	0.998 8	0.996 7	0.001 18	0.192 1
	与校正后下影像	0.998 7	0.996 6	0.001 47	0.186 5
	与原始上影像	0.992 4	0.979 0	0.006 12	0.406 2
	与原始下影像	0.994 5	0.985 0	0.004 57	0.293 4
道路	与校正后上影像	0.996 1	0.852 6	0.003 30	0.377 4
	与校正后下影像	0.998 5	0.928 9	0.001 43	0.327 4
	与原始上影像	0.994 0	0.766 1	0.004 20	0.461 0
	与原始下影像	0.995 8	0.790 3	0.003 87	0.377 6

八、林地图像融合实验

（一）融合结果

基于导航数据的几何校正和基于 SIFT 算法配准的林地影像如图 3-51 所示，可见两张影像间存在亮度差异，且配准后的航带在下方的小河处仍然存在微小错位，运用加权平均融合法融合后的高光谱影像如图 3-52 所示。可见，影像错位现象消除，视觉效果良好。

图 3-51　基于 GPS 信息的校正结果

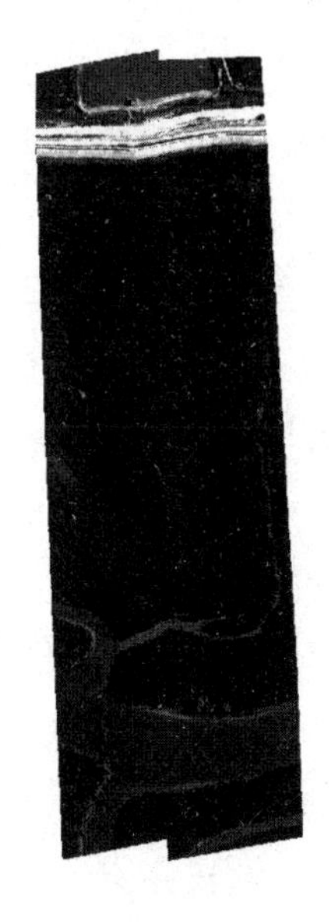

图 3-52　拼接后的高光谱影像

采用相同的方法，将林地的多条航带拼接起来，其效果如图 3-53 所示。

图 3-53　林地多条航带拼接结果

（二）光谱精度评价

林地影像中 3 种典型地物（水体、林地、道路）的原始影像、几何校正后影像、拼接后影像的光谱曲线，如图 3-54 所示。图中，rec_left 表示校正后左影像，rec_right 表示校正后右影像，mosaic 表示拼接后影像，original_left 表示原始的左影像，original_right 表示原始的右影像。

从图 3-54 可以看出，两张待拼接影像的光谱差异比较大，尤其是道路部分，但拼接后的光谱与校正后影像以及原始影像的光谱曲线整体走向比较接近。对拼接后重叠区域典型地物的光谱曲线与原始影像和校正后左右影像对应地物的光谱曲线用光谱评价指标进行评价，结果如表 3-27 所示。

从表 3-27 可以看出，光谱角余弦（SAC）的最小值为 0.950 8，最大值为 0.998 9，均值为 0.984 4；光谱相关系数（SC）的最小值为 0.856 3，最大值为 0.997 8，均值为 0.939 0；光谱信息散度（SID）的最小值为 0.001 0，最大值为 0.047 0，均值为 0.013 7；欧氏距离（ED）的最小值为 0.211 9，最大值为 0.426 2，均值

为 0.327 2。总体来说，拼接前后的光谱保真性是比较高的。

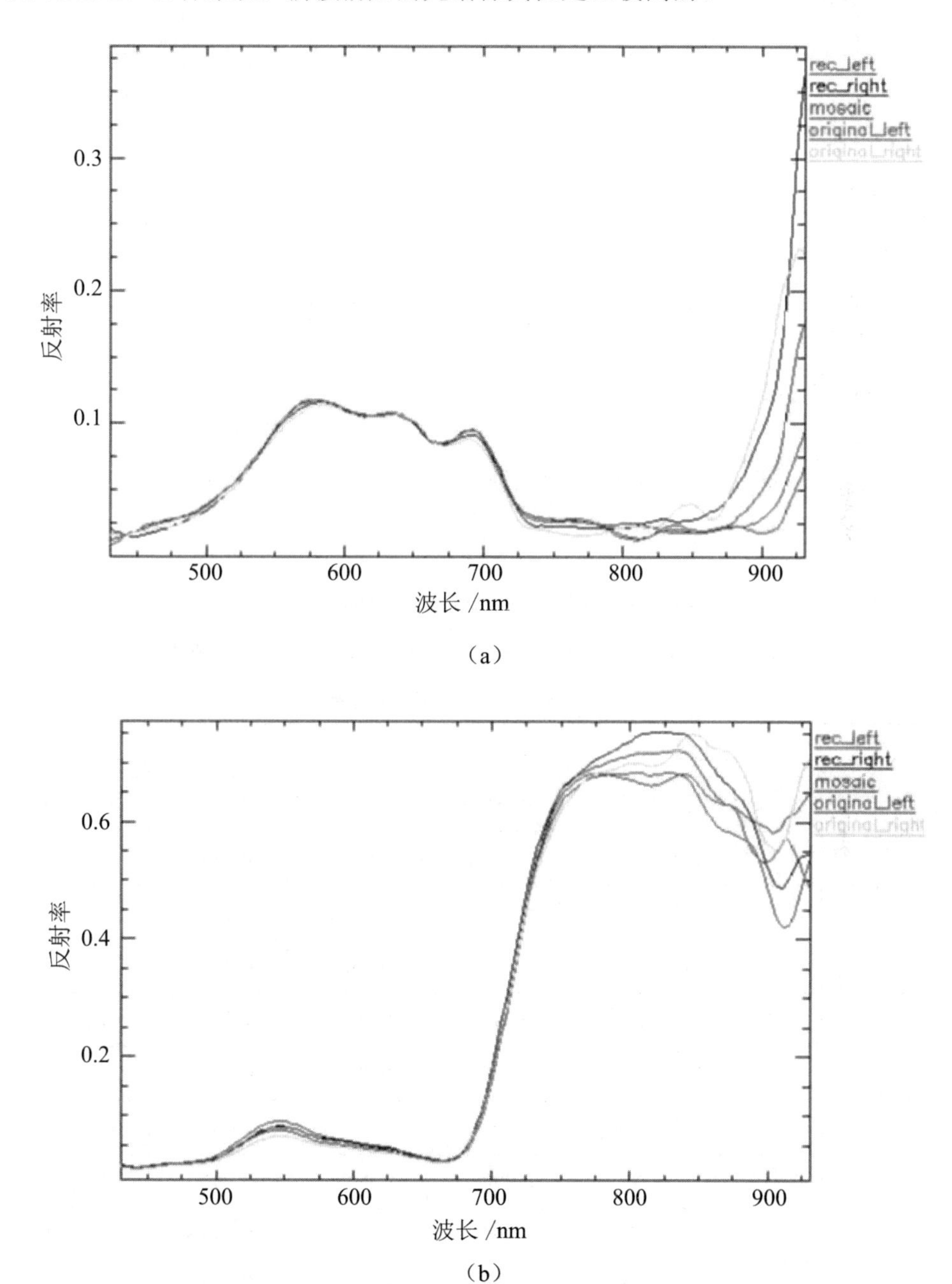

图 3-54　典型地物光谱曲线对比图

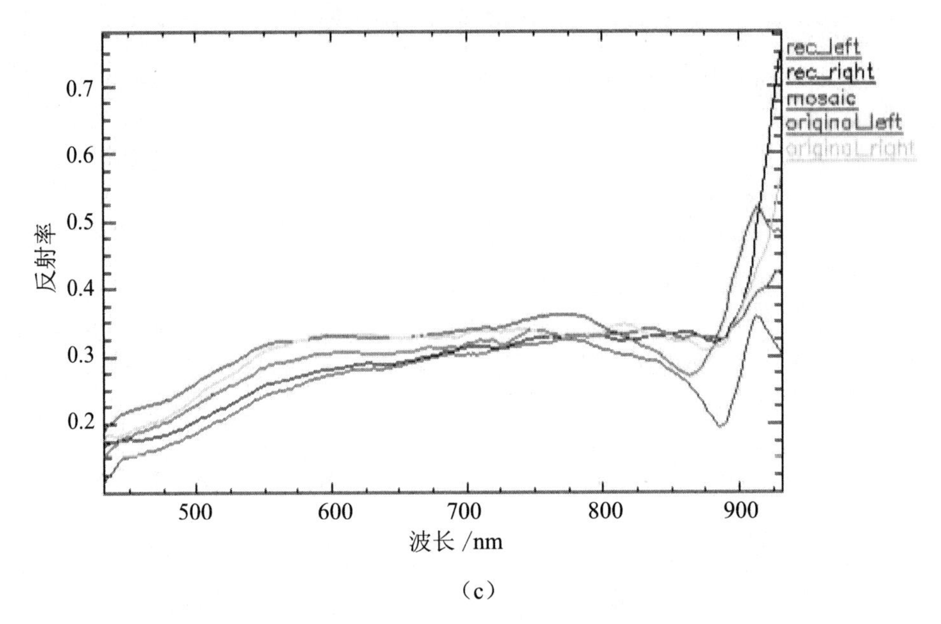

（c）

图 3-54 典型地物光谱曲线对比图（续）

（a）水体光谱曲线；（b）林地光谱曲线；（c）道路光谱曲线

表 3-27 拼接前后光谱曲线相似度评价

典型地物	评价指标	SAC	SC	SID	ED
水体	与校正后左影像	0.980 9	0.937 8	0.016 8	0.211 9
	与校正后右影像	0.950 8	0.906 5	0.035 2	0.329 4
	与原始左影像	0.962 8	0.881 2	0.039 3	0.289 9
	与原始右影像	0.952 4	0.962 4	0.047 0	0.384 3
植被	与校正后左影像	0.997 0	0.993 8	0.003 5	0.360 1
	与校正后右影像	0.997 8	0.995 4	0.002 1	0.333 0
	与原始左影像	0.998 9	0.997 8	0.001 0	0.426 2
	与原始右影像	0.998 1	0.996 3	0.002 3	0.400 2
道路	与校正后左影像	0.995 2	0.858 4	0.003 8	0.276 3
	与校正后右影像	0.987 6	0.856 3	0.007 5	0.298 3
	与原始左影像	0.993 1	0.949 7	0.004 9	0.293 5
	与原始右影像	0.997 6	0.932 1	0.001 8	0.323 8

九、实验结果分析

本章发现直接平均融合在进行影像拼接时候，不能完全消除拼接缝，还会出现模糊现象，小波变换融合算法十分复杂、融合速度慢，这两种方法都不适用于高光谱影像的拼接。对加权平均融合和最佳缝合线融合进行对比实验，得出结论：对于城区数据，选用最佳缝合线融合法可有效避免鬼影现象，达到较好的融合效果；对于河道和林地数据，由于地物本身的灰度和结构很相似，采用加权平均融合法就可以得到很好的效果。最后，分别对三类地物进行融合实验，并对融合后的光谱进行精度评价，总体来说，拼接前后的光谱保真性是比较高的。

第四章　无人机高光谱影像拼接方案及应用

本章总结了针对城区、河道和林地三种影像类型高光谱拼接的技术方案，并将该拼接方案用于山东某河道机载高光谱遥感数据获取与处理项目中，对约 12 km 长的河道分段进行拼接，然后对拼接后的河道高光谱影像进行水质参数反演，以验证拼接方案的可行性；还将其应用到了红树林群落物种分类项目中，对深圳福田红树林保护区进行了面向对象的分类实验，验证了该方法在植被遥感种群分类中的可行性。

第一节　城区高光谱影像拼接方案

城区包含了城市道路、房屋、树木、耕地、湖泊等，地物种类繁多，城区高光谱影像在进行航带的几何校正时，基于曲面样条函数的几何校正需要寻找控制点以计算校正模型参数，由于地物特征多，控制点易于寻找，校正结果精度高，基于导航数据的几何校正不需要寻找控制点，它可利于导航数据直接自动地进行几何校正，但校正精度不如基于曲面样条函数的校正方法高，基于导航数据和控制点结合的几何校正是以上两种校正方法的折中方法，它既减少了对控制点数量的需求，相对于基于导航数据校正又提高了精度；在进行配准时，基于 SIFT 配准算法和基于改进的相位相关法不会失效，且能够达到较高的配准精度，但基于改进的相位相关法速度更快；在进行融合时，由于地物种类多且可能存在移动的物体，如车辆等，若进行简单的加权平均融合，结果容易出现鬼影现象，需要采用更为复杂的最佳缝合线融合算法。综合以上研究，城区无人机高光谱影像的拼接流程如图 4-1 所示。

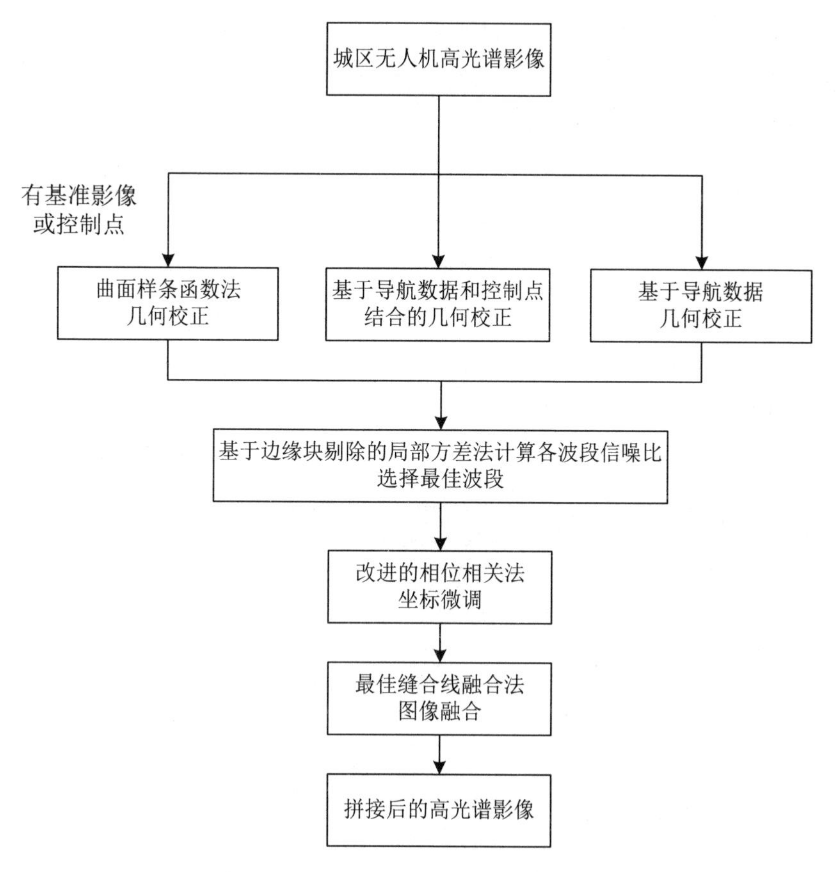

图 4-1　城区无人机高光谱影像拼接流程图

第二节　河道高光谱影像拼接

河道影像基本以水和岸边的绿地为主，河道高光谱影像在进行航带的几何校正时，基于曲面样条函数的几何校正需要寻找控制点以计算校正模型参数。由于地物种类不是很多，控制点不太容易寻找，但仍然可以满足计算校正模型参数的需求，且校正结果精度高。基于 GPS 信息的几何校正不需要寻找控制点，它可利于导航数据直接自动地进行几何校正，但校正精度不如基于曲面样条函数的校正方法高。基于导航数据和控制点结合的几何校正是以上两种校正方法的折中方法，它既减少了对控制点数量的需求，相对于基于导航数据校正又提高了精度。在进行配准时，基于 SIFT 配准算法和基于改进的相位相关法不会失效，虽然基于改进的相位相关法速度更快，但是基于 SIFT 算法的配准精度更高；在进行融合时，由于重叠区域均为水域，地物单一，直接进行简单的加权平均融合即可达到较好的融合效果。综合以上研究可知，河道无人机高光谱影像的拼接流程如图 4-2 所示。

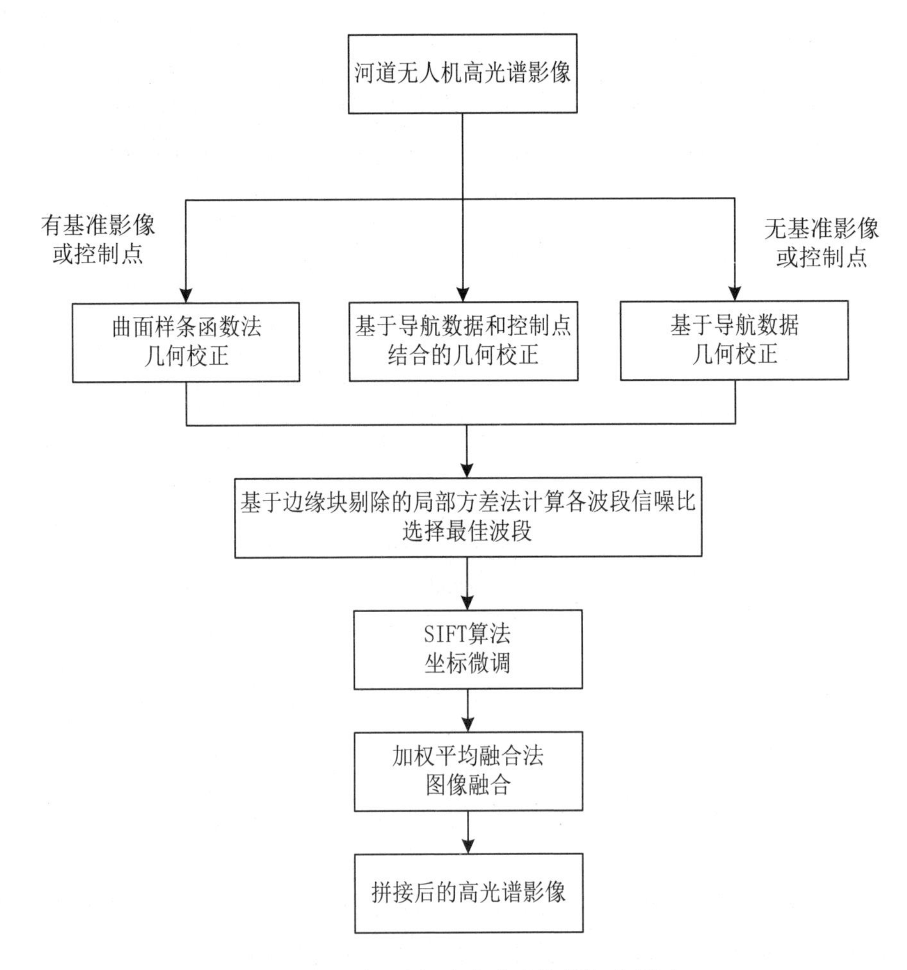

图 4-2　河道无人机高光谱影像拼接流程图

第三节　林地高光谱影像拼接

林地地物种类单一，多为绿色植被，林地高光谱影像在进行航带的几何校正时，由于林区特征点不明显，因此只能采用基于导航数据或基于导航数据和控制点结合的几何校正方法。在进行配准时，基于改进的相位相关法会失效，基于

SIFT 算法寻找到的特征点数量大大减少，但还可以满足配准模型的要求，但配准精度会降低；在进行融合时，由于重叠区域均为林地，地物单一，直接进行简单的加权平均融合即可达到较好的融合效果。综合以上研究，林地无人机高光谱影像的拼接流程如图 4-3 所示。

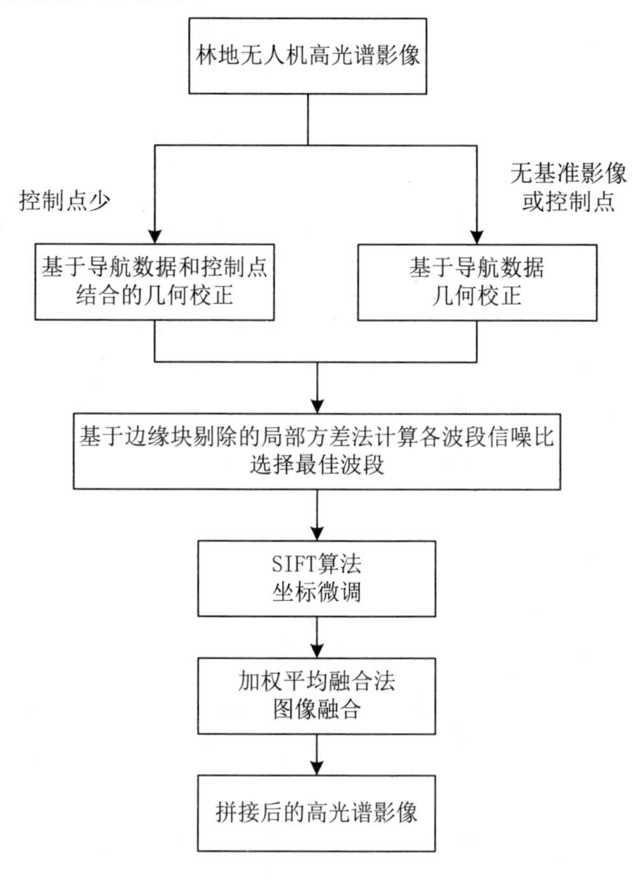

图 4-3　林地无人机高光谱影像拼接流程图

第四节　基于河道数据的水质反演应用案例

随着水环境污染的问题日益严重，水质问题已经成为社会经济文化的持续发展需要解决最紧要的一部分问题。过去为了经济发展，人们不惜以牺牲环境为代价，对淡水资源造成了严重的破坏。现如今，水体富营养化情况严重，蓝藻水华、赤潮时有发生，淡水资源匮乏的问题也越来越严重，水体水质反演与监测已经成为亟待解决的问题。

在对水体污染的监测研究中，有两种方法：传统的监测方法或者运用遥感技术作为手段的监测方法。传统的监测方法可以准确地得到采样点的水质参数浓度，但不能大范围地得到水中各参数的空间分布以及其变化规律，且需要布置大量的监测点。这种监测方法耗费大量的人力物力，不能做到持续监测，无法反映大范围水域的水体参数浓度的时空分布，具有较大的局限性。遥感技术则能很好地避免这些问题。遥感监测方法可以实现水质快速、大范围、低成本、周期性动态监测。水质遥感监测反演分析是根据水质参数的光谱反射率特性与相对应的水质参数浓度之间的光谱关系，选择各水质参数的敏感特征波段来建立反演模型。不过目前在高光谱遥感技术的运用上还有一些问题，首先，高光谱遥感数据波段较多数据量庞大，在之后反演模型的建立中由于波段较多，不容易找到最具代表的波段；其次，由于水体的光谱特性比较复杂，对于不同地区不同水环境的差异所造成的对光谱信息的影响，不能很好地解决，还需要继续研究探索精度更高、适用于不同水体的反演模型算法。

无人机是由无线电遥控设备以及必要的控制程序所组成的不载人飞机。目前，由于无人机具备低空飞行、可全方位多角度航拍、降低人力消耗、成本低、性能高等优势，被广泛应用于各种探测及监测工作中，且由于无人机遥感技术受到环境的影响较小，对大气状态以及气候的要求更低。随着科技的进一步发展，无人机遥感技术将进一步促进测量工作的发展，并发挥更大的价值。

随着成像光谱仪技术的发展，将其搭载到无人机上，结合高精度的导航定位POS系统，能高效采集河流的高空间分辨率高光谱分辨率影像，成为一种对河流、湖泊、海洋等水域进行水质监测的新型手段。本章结合无人机高光谱影像的特点，设计出一套水质环境参数反演方案，该方案通过实验以地面定点采集水质参数和对应的地物光谱反射率为基础建立起叶绿素a、氮、磷、悬浮物浓度的经验反演模型，并将模型应用到高光谱影像水质反演中。

将本书的拼接方案应用于山东某河道机载高光谱遥感数据获取与处理项目中，对约12 km长的河道分段进行拼接，然后对拼接后的河道高光谱影像进行叶绿素a（Chla）、总磷（TP）和悬浮物（TSS）的反演。拼接后的河道影像如图4-4所示。

随机样点的水体反射率高光谱曲线如图4-5所示。可以看出，该水体在波长530 ~ 600 nm、630 ~ 650 nm、690 ~ 720 nm处有强烈的反射峰，其中心波长分别为566 nm、640 nm、709 nm，表明藻类以及悬浮物等水体组分较高，水体富营养明显。

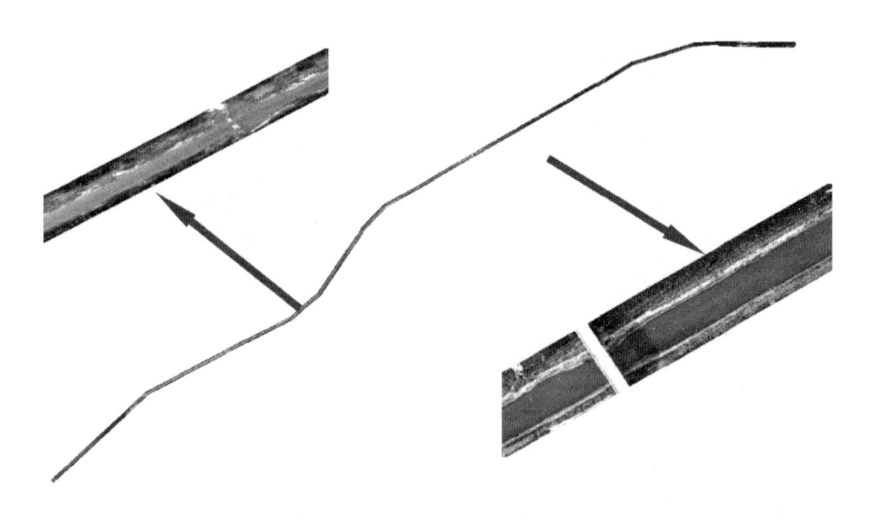

图 4-4　河道拼接结果

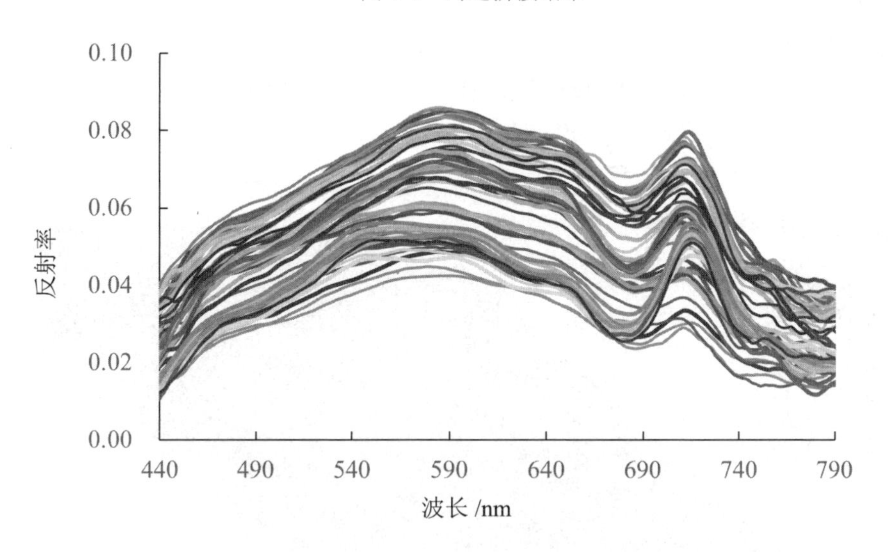

图 4-5　随机样点的水体反射率高光谱曲线

水质反演的过程主要分为两步：水域提取和各参数的反演。

（1）水域提取。

采用 NDWI 指数和阈值法提取水边界，进而得到整个水域，NDWI 的公式为

$$NDWI=(b_{633}-b_{750})/(b_{633}+b_{750}) \tag{4-1}$$

式中：b_i 为波长。水域提取结果如图 4-6 所示。

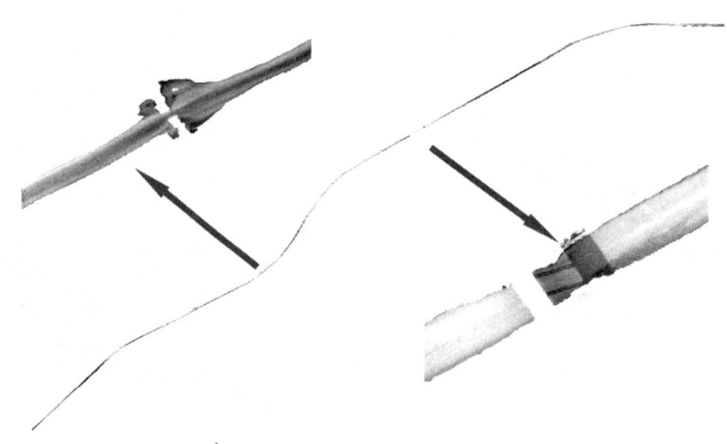

图 4-6　水域提取

（2）水质反演。

各参数的反演模型如式（4-2）所示。根据模型对提取的水体高光谱数据进行叶绿素 a、总磷、悬浮物指标的定量反演，将反演结果叠加到谷歌影像上，如图 4-7 所示。

$$\begin{aligned} \text{Chla} &= 0.5723 \times b_{754} \times (1/b_{665} - 1/b_{709}) + 0.0933 \\ \text{TP} &= -6.7597 \times b_{810} + 0.3729 \\ \text{TSS} &= 574.83 \times b_{575} - 2.7244 \end{aligned} \tag{4-2}$$

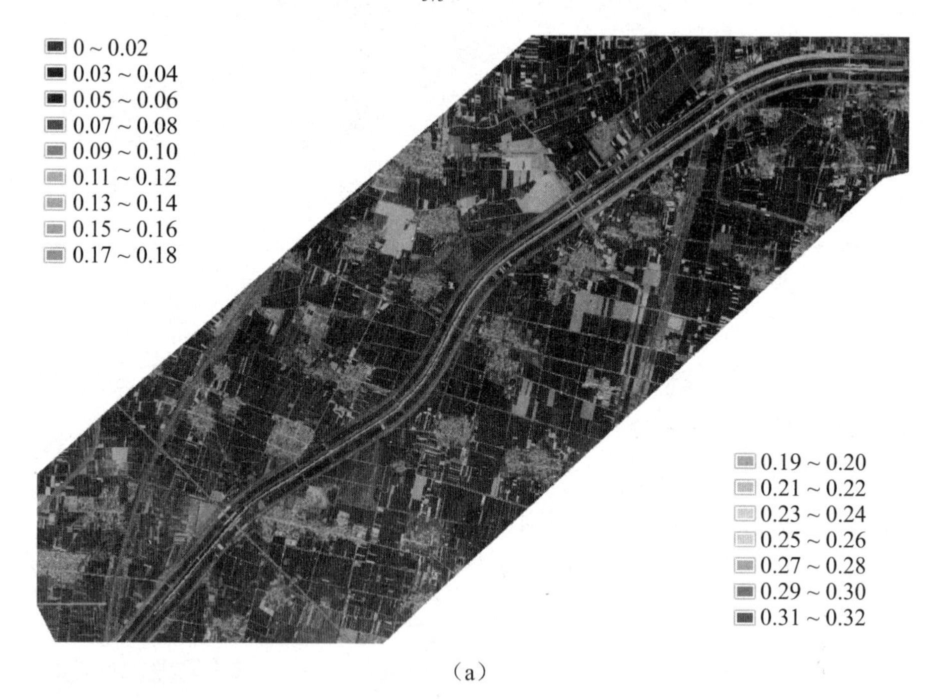

（a）

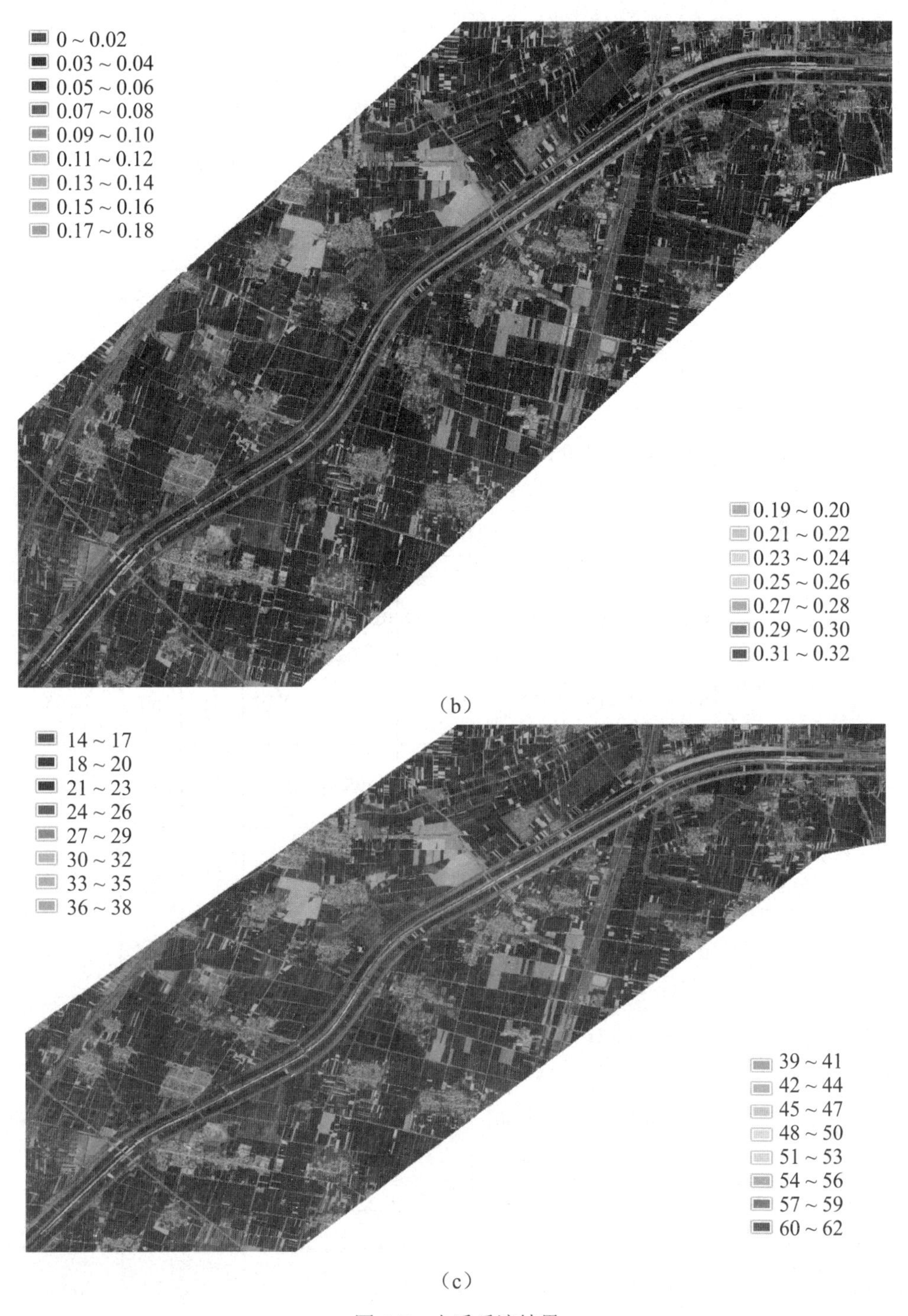

图 4-7　水质反演结果

（a）叶绿素 a（Chla）反演结果；（b）总磷（TP）反演结果；（c）悬浮物（TSS）反演结果

接着，将水质采样点与反演结果进行比较以评价反演精度。实验区内共采集了 13 个采样点，均匀地分布在沿岸的水面上，将反演结果与采样点做比较，结果如表 4-1 所示。采样点的检测结果与反演结果的偏离度控制在 24% 以内，数据存在较小偏差，但偏差在可控范围，水质反演的精度从侧面也反映了拼接结果在光谱和几何位置上的准确性。

表 4-1　水体参数反演与化验数据对比

采样点	地理坐标	叶绿素 a（Chla）/（$mg\cdot L^{-1}$）			总磷（TP）/（$mg\cdot L^{-1}$）			悬浮物（TSS）/（$mg\cdot L^{-1}$）		
		检测结果	反演结果	偏离度/%	检测结果	反演结果	偏离度/%	检测结果	反演结果	偏离度/%
1	37°32′9.22″N 116°24′0.56″E	0.060 5	0.071 4	18.01	0.323 3	0.300 7	−6.99	22	25	13.63
2	37°32′36.39″N 116°24′29.04″E	0.083 7	0.077 4	−7.52	0.245 2	0.244 0	−0.48	28	30	7.14
3	37°32′47.60″N 116°24′41.38″E	0.077 1	0.069 9	−9.33	0.230 6	0.258 7	12.18	33	38	15.15
4	37°33′7.90″N 116°25′17.25″E	0.094 6	0.115 9	22.51	0.178 0	0.157 0	−11.79	41	50	21.95
5	37°33′16.03″N 116°25′32.53″E	0.092 9	0.113 1	21.74	0.203 4	0.198 6	−2.35	52	53	1.92
6	37°33′35.76″N 116°26′9.57″E	0.132 5	0.152 1	14.79	0.174 3	0.157 2	−9.81	91	82	−9.89
7	37°34′0.31″N 116°26′32.18″E	0.158 8	0.132 3	−16.68	0.208 8	0.184 5	−11.63	82	79	−3.65
8	37°34′26.59″N 116°26′51.23″E	0.099 5	0.121 1	21.70	0.205 2	0.156 4	−23.78	63	56	−11.11
9	37°34′42.24″N 116°27′13.55″E	0.135 0	0.161 2	19.40	0.203 4	0.183 9	−9.58	82	72	−12.19
10	37°34′58.42″N 116°27′43.53″E	0.132 7	0.136 5	2.86	0.232 5	0.223 3	−3.95	77	61	−20.77
11	37°35′23.59″N 116°28′28.27″E	0.170 3	0.163 7	−3.88	0.272 4	0.263 9	−3.12	20	24	20.00

续表

采样点	地理坐标	叶绿素a（Chla）/（mg·L^{-1}）			总磷（TP）/（mg·L^{-1}）			悬浮物（TSS）/（mg·L^{-1}）		
		检测结果	反演结果	偏离度/%	检测结果	反演结果	偏离度/%	检测结果	反演结果	偏离度/%
12	37°35′47.89″N 116°29′11.93″E	0.150 6	0.168 5	11.88	0.225 2	0.226 8	0.71	39	31	−20.51
13	37°35′57.60″N 116°30′7.22″E	0.140 4	0.173 8	23.78	0.228 8	0.233 5	2.05	29	36	24.13

第五节　基于红树林无人机高光谱数据的种间分类应用案例

红树林是生长于热带亚热带海岸潮间带、受到海水周期性浸没的木本植物群落，是兼具陆地和海洋特性的复杂生态系统、海岸重要生态关键区（ECA）。红树林湿地生态系统素有“海上森林”之称，是唯一的水生森林生态系统，是关键的碳库，具有独特的生态学特性，其在全球环境、气候变化中具有重要的研究价值。然而，随着国民经济的发展和沿海经济区的开发，红树林资源出现日益严重的面积萎缩、环境恶化、结构简单等退化现象。为了研究影响红树林湿地变化的因素及变化规律，需要及时掌握红树林群落的空间分布动态，为保护和修复红树林湿地生态系统提供有价值的科学依据。

传统的红树林资源调查以实测数据为基础，存在工作耗费高、受人为因素影响大、对湿地破坏性强、调查精度低等缺点。目前，以航天遥感手段进行的红树林资源调查还存在受天气气候影响较大，很难获取多时相影像等许多问题，由于红树林分布范围较广且空间分布零散，因此需要较多卫星遥感影像进行大范围的红树林信息调查，离散分布的红树树种也使得影像采集难度加大，成本随之增加。近年来，成像光谱仪硬件体积越来越小、质量日渐减轻、成本逐渐降低，同时无人机航测遥感系统发展迅速，将成像光谱仪与无人机集成来获取高光谱数据已成为新兴的研究领域。与传统航空遥感影像相比，低空无人机数据获取方式灵活，地面特征丰富，精度较高，更适合林业领域的研究。因此，采用拼接后的无人机高光谱遥感影像，对深圳福田红树林保护区进行红树林种间分类，通过比较多种分类方法精度，提出一种适合红树林种间分类的分类流程。

一、研究区域及数据源

研究区域为深圳市福田红树林西北侧一段，数据源为无人机拍摄的两条航带的高光谱影像（图 4-8）。

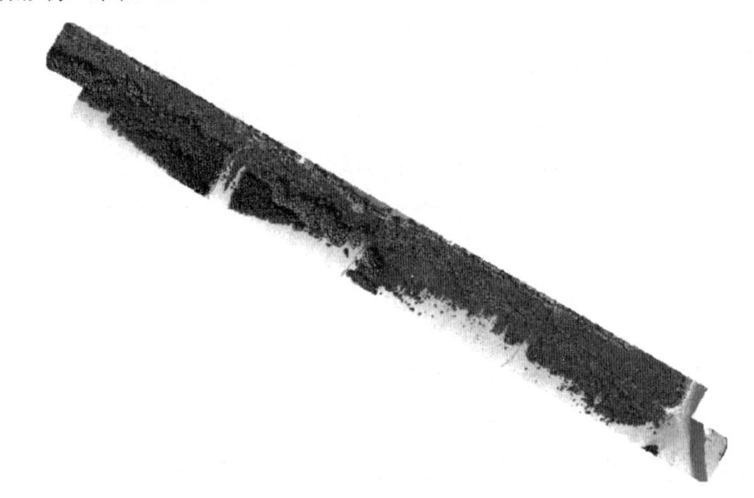

图 4-8　福田红树林西北侧影像

二、数据预处理

图 4-9 所示为无人机高光谱数据拼接流程，针对无人机获取的原始高光谱数据，先进行一系列数据预处理，包括航带复原、航带旋转、不可用影像剔除、计算反射率等。测量出相邻航带同名像点，比较多种图像变换模型，如刚体变换、仿射变换、相似性变换、单应性矩阵变换以及非刚性变换等复合型变换方法对高光谱影像几何变换的效果，找到适合航带间配准的最优图像变换模型。分析现有颜色均衡与图像融合方法，基于像素级对配准后的影像进行图像融合，旨在消除因曝光差异而出现的明显的拼接线，将多条航带融合成为一张大图。融合后的无人机高光谱数据没有统一的坐标系统，需要以正射影像为基准，在融合后的大图上寻找同名点对其进行地理配准，使其位于正确的位置，采用双线性内插法重采样后得到拼接后的无人机高光谱数据。

三、红树林种间信息提取

基于拼接后的无人机高光谱数据进行红树林种间信息提取，分类流程如图 4-10 所示。采用基于专家知识的决策树分类方法，利用 NDVI 是否大于 0.4 分离红树林与其他地物。由于高光谱影像波段多、信息量大，但同时部分波段之间也存在较大相关性，噪声较大，因此需要通过最小噪声分离变换来分离数据中的噪声，降低信息彼此之间的冗余度。先对影像进行最小噪声分离变换，再利用最佳指数因子公式 OIF 对影像的多种波段组合进行分析，得到最佳波段组合，最后选择监督分类方法对红树林进行种间分类。监督分类的方法有多种，如最小距离法、最大似然法、支持向量机等，通过对比多种监督分类方法，找到最适合红树林的分类方法。

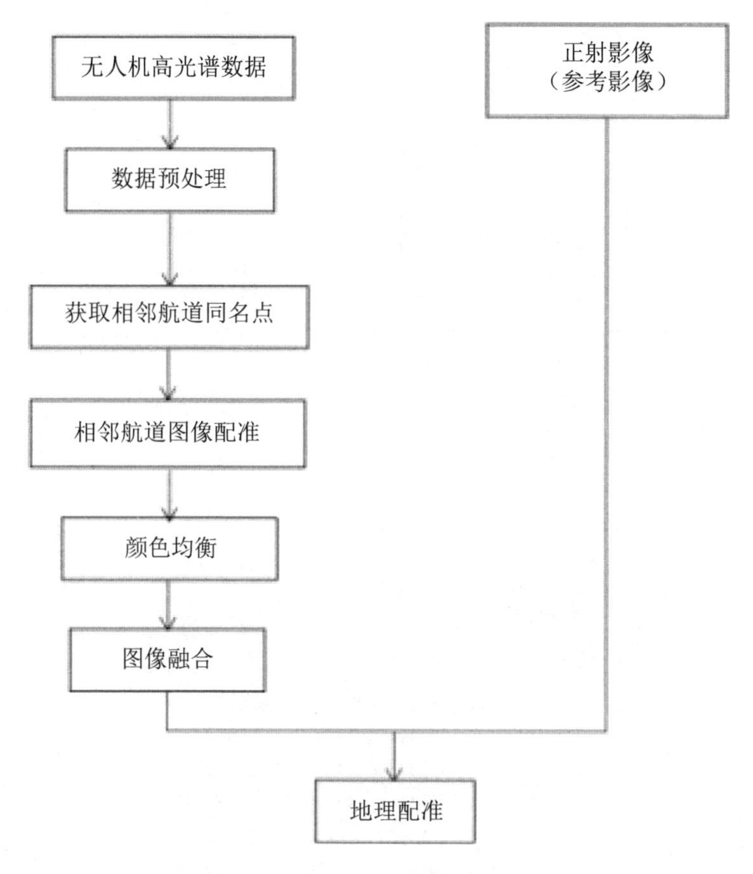

图 4-9 无人机高光谱数据拼接流程

（一）数据降维

首先采用基于专家知识的决策树分类方法，利用 NDVI 是否大于 0.4 得到红树林与其他地物。NDVI ＞ 0.4 的为植被，反之为其他背景地物，从而将植被从影像上分离出来。对剔除非植被信息后的影像进行 MNF 变换，将噪声分离，结果显示前 10 个分量包含了原始波段大部分信息。利用最佳 OIF 指数对前十个分量的多种组合进行分析，取 OIF 指数最大的 2、4、7 三个分量进行组合的结果如图 4-11 所示。

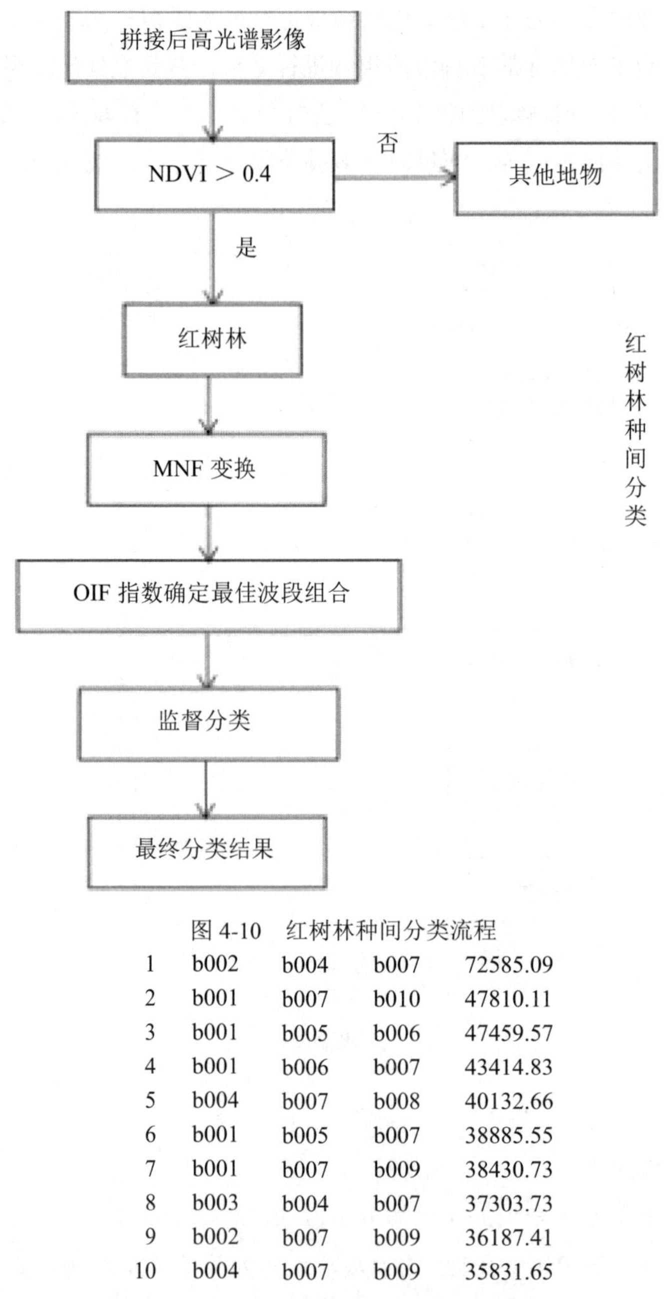

图 4-10　红树林种间分类流程

1	b002	b004	b007	72585.09
2	b001	b007	b010	47810.11
3	b001	b005	b006	47459.57
4	b001	b006	b007	43414.83
5	b004	b007	b008	40132.66
6	b001	b005	b007	38885.55
7	b001	b007	b009	38430.73
8	b003	b004	b007	37303.73
9	b002	b007	b009	36187.41
10	b004	b007	b009	35831.65

图 4-11　前十个最大 OIF 指数对应的波段组合

（二）树种识别

红树林种间信息提取采取基于像元的监督分类方法，提取出海桑、无瓣海桑、秋茄、桐花树、木榄和白骨壤六类树种，分类过程在 ENVI 软件中完成。利用 2、4、

7波段组合显示的影像结合原始影像的真彩色和标准假彩色显示进行监督分类(图4-12）。各类树种在原始影像上显示的植被冠层特征不同。例如，海桑类树高大于其他树种，其中无瓣海桑影像上亮度高于海桑，海桑类冠层在图像上的纹理粗糙度最大，白骨壤和桐花树其次，其中桐花树零散分布于近岸；木榄和秋茄纹理较为光滑，分别分布于白骨壤与海桑类树种南北两侧。对比原始图像和变换后图像，基于像素选取六类红树树种训练样本（图4-13），均匀分布于整个红树群落。

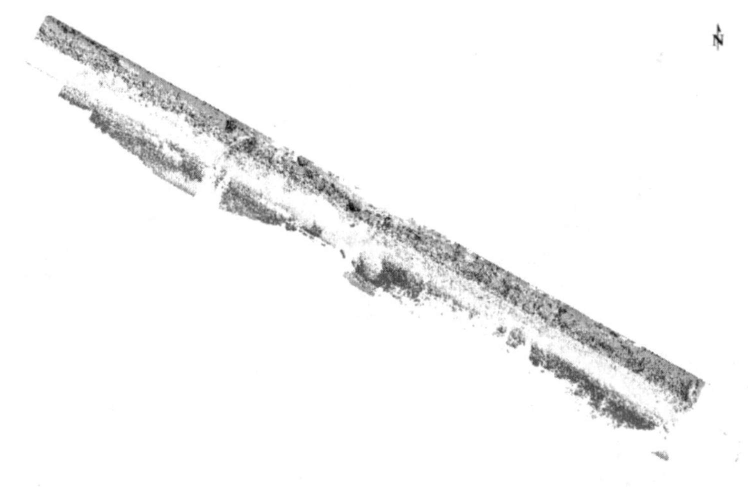

图4-12　MNF变换后2、4、7三个分量波段组合显示结果

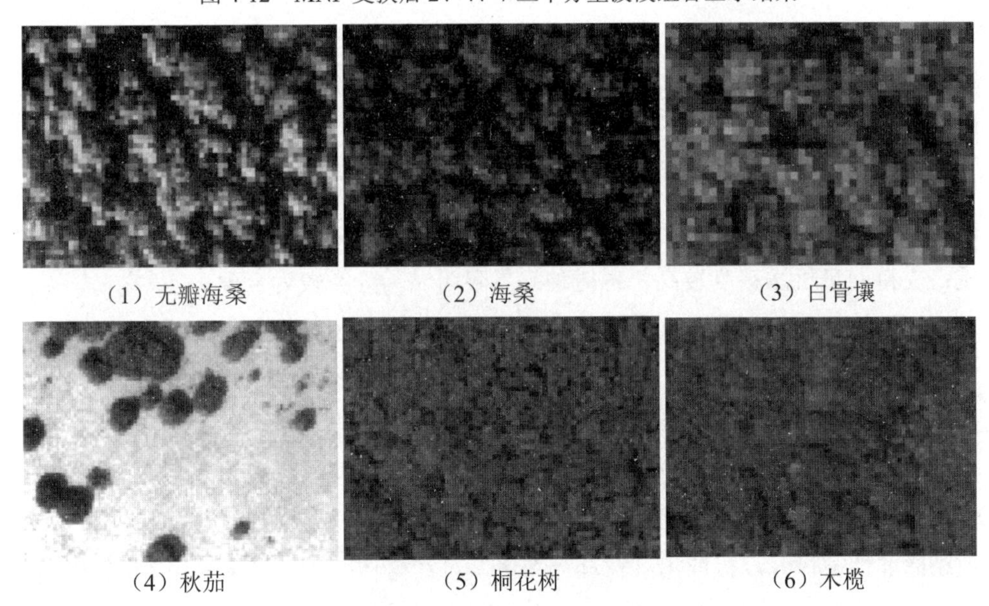

图4-13　样本植被冠层示例

采用最小距离法和支持向量机法对红树群落进行分类，最小距离法是先计算每类训练样本的均值向量和标准差向量，得出每类的中心后计算每个像元到类中心的距离，将像元归入与其距离最小的一类；支持向量机法是一种建立在统计学习理论基础上的机器学习方法，通过学习算法，可以自动寻找那些对分类有较大区分能力的支持向量，由此构造出分类器，可以将类与类之间的间隔最大化，因而有较好的推广性和较高的分类准确率。两种方法对 6 种不同树种的提取效果如图 4-14 所示。

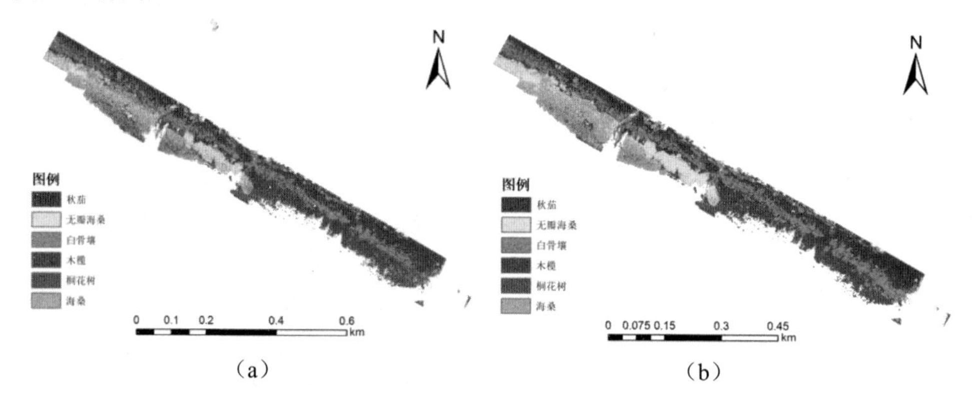

（a）　　　　　　　　　　（b）

图 4-14　最小距离法与支持向量机法分类结果

（a）最小距离法分类结果；（b）支持向量机法分类结果

（三）精度评价

以无人机高光谱影像选取的样本为参考数据，对分类结果进行精度评价，计算混淆矩阵。最小距离法总体精度达到 98.210 9%，Kappa 系数为 0.924 0；支持向量机法总体精度达到 99.360 5%，Kappa 系数为 0.972 8。结合分类结果图进行对比，最小距离法对无瓣海桑、秋茄和白骨壤分类效果欠佳，各类别混杂现象严重；支持向量机法精度较高，各树种间界限明显，分类较为合理。

对深圳福田红树林种间分类的研究结果表明，基于无人机高光谱影像的红树林种间信息提取较传统的卫星遥感影像分类具有分辨率高、植被冠层解译标志明显等优势。以拼接后的无人机高光谱数据为基础，提出的基于专家知识的红树林提取与树种分类模式对细分深圳福田地区红树林群落具有良好适用性。采用基于专家知识的决策树分类方法，利用归一化差值植被指数 NDVI 设置阈值，能够有效剔除非植被像元，提取出红树林分布区。对红树林高光谱数据采用 MNF 变换，结合 OIF 指数选取最佳波段组合，能够有效压缩数据量，去除噪声信息。基于像元的支持向量机法对六种红树树种的分类效果较好，能清晰地划分出各类树种之间的界线，总体分类精度可达 80% 以上。

由此可见，基于无人机高光谱数据的红树林种间分类具有良好的发展潜力，基于专家知识的红树林提取与树种分类模式适用于红树林种间分类与制图，能够为进一步研究红树林群落结构及其生态保护提供有效技术支持。

第五章　主要结论与展望

第一节　主要结论

本书研究了线阵列推扫式高光谱影像的拼接技术，并已将其应用到实际的项目中。传统的图像拼接方法可分为基于特征匹配的图像拼接方法和基于 POS 数据的图像拼接方法。基于特征匹配的图像拼接，需要根据图像间的特征信息建立空间关系，拼接后的影像不带有真实的地理坐标；基于 POS 数据的图像拼接方法，可根据图像的坐标信息直接进行融合拼接，但由于 POS 数据精度低，拼接影像往往会出现错位现象。本书结合了这两种方法，既利用了影像间的特征关系又利用了影像的定位信息，从而得到一幅具有较高精度的带有真实地理坐标的拼接图像。本书重点研究了线阵列推扫式高光谱影像拼接的三个步骤：几何校正、图像配准和图像融合，基于对现有的算法进行研究，探究不足，从而提出更适合线阵列推扫式高光谱影像的拼接方案，提高影像拼接的精度。

本书的具体研究工作如下：

（1）重点研究了影像几何校正的两种方法：基于控制点的几何校正和基于导航数据的几何校正。对于基于控制点的几何校正方法，本书引入曲面样条函数，用该方法拟合后的曲面通过每个已知控制点，比线性变换方法精度更高，更适合于无人机影像局部有变形的情况，但该方法需要较多的控制点。对于基于导航数据的几何校正，本书针对 Sky2 机载型 GNSS 接收机记录的导航数据，采用数字摄影测量的方法实现了影像的无控自动校正，但该方法的配准精度要低于基于曲面样条函数的校正精度。根据以上两种方法的优劣势，本书将两种方法结合起来，提出基于导航数据和控制点结合的几何校正方法，该方法既降低了对控制点数量的要求，相对基于导航数据的校正又提高了校正精度。

（2）重点研究了影像质量评价方法和图像配准的两种方法：SIFT 算法和相位相关法。本书采用基于边缘块剔除的局部方差法计算信噪比以确定最佳波段。

研究了传统的相位相关法和扩展的相位相关法的原理和不足，并提出一种改进的相位相关法，提高了算法的鲁棒性。对三类影像（城区、河道、林地）通过大量实验比较了 SIFT 算法和改进的相位相关法的性能。

（3）重点研究了常用的基于像素的图像融合的方法，并对其中的两种方法：加权平均融合和最佳缝合线融合进行了对比实验，总结它们各自的适用条件。对三类影像（城区、河道、林地）进行图像融合实验，并评价其光谱保真性。

（4）综合了几何变换、图像配准和图像融合的研究结论，本书提出了分别针对城区、河道和林地的无人机高光谱影像的拼接方案，并将其应用到山东某河道机载高光谱遥感数据获取与处理项目中去，对约 12 km 长的河道进行叶绿素 a、总磷和悬浮物的反演，并评价其反演精度。

第二节　展　　望

本书对于线阵列推扫式高光谱影像的拼接研究虽然取得了一定的成果，但仍存在一些不足，需要从以下几个方面进行进一步的完善和提高。

（1）在进行几何校正时，对于控制点的数量和分布对校正精度的影响并未进行实验与分析，今后需进一步完善控制点对校正精度的影响。

（2）在利用信噪比选择最佳波段时，可能会出现信噪比值较高的波段信息量较少的情况，这同样会影像后续影像配准的精度，后续需要添加其他限定条件，使得用于配准的波段是噪声最少且信息量丰富的波段。

（3）原始影像同名点的反射率存在差异导致拼接缝的存在，本书仅研究了通过融合算法来消除这一差异，并未对反射率的计算过程进行探讨，今后可以从修正反射率出发来消除拼接缝。

（4）高光谱数量大，且随着分辨率的提高，数据量会越来越大，需要研究更为快速的拼接方法，或者利用多个并行的计算机系统，将大量无人机高光谱影像用多个计算机进行并行处理，从而提高数据处理的效率。

参考文献

[1]Moroni M, Dacquino C, Cenedese A. Mosaicing of Hyperspectral Images: The Application of a Spectrograph Imaging Device[J]. Sensors, 2012, 12: 10228–10247.

[2]Habib A, Han Y, Xiong W, et al. Automated Ortho-Rectifification of UAV-Based Hyperspectral Data over an Agricultural Field Using Frame RGB Imagery[J]. Remote Sensing, 2016, 8: 796.

[3]Olsson P O, Vivekar A, Adler K, et al. Radiometric Correction of Multispectral UAS Images: Evaluating the Accuracy of the Parrot Sequoia Camera and Sunshine Sensor[J]. Remote Sensing, 2021, 13: 577.

[4]Honkavaara E, Khoramshahi E. Radiometric Correction of Close-Range Spectral Image Blocks Captured Using an Unmanned Aerial Vehicle with a Radiometric Block Adjustment[J]. Remote Sensing, 2018, 10: 256.

[5]Yang G, Li C, Wang Y, et al. The DOM Generation and Precise Radiometric Calibration of a UAV-Mounted Miniature Snapshot Hyperspectral Imager[J]. Remote Sensing, 2017, 9: 642.

[6]Zitová B, Flusser J. Image Registration Methods: A Survey[J]. Image & Vision Computing, 2003, 21(11) :977-1000.

[7] 徐丽燕 . 基于特征点的遥感图像配准方法及应用研究 [D]. 南京：南京理工大学，2012.

[8] 汪道寅 . 基于 SIFT 图像配准算法的研究 [D]. 北京：中国科学技术大学，2011.

[9]Brown L G. A Survey of Image Registration Techniques[M]. New York: ACM, 1992.

[10] 韩文超 . 基于 POS 系统的无人机遥感图像拼接技术研究与实现 [D]. 南京：

南京大学，2011.
[11] 汪成为 . 灵境（虚拟实现）技术的理论、实现及应用 [M]. 北京：清华大学出版社，1996.
[12]Gupta R, Hartley R I. Linear Pushbroom Cameras[J]. IEEE Transactions on Pattern Analysis & Machine Intelligence, 1997, 19(9): 963-975.
[13] 李志刚，纪玉波，薛全 . 边界重叠图像的一种快速拼接算法 [J]. 计算机工程，2000，26(5): 37-38.
[14] 李婷 . 无人机影像拼接关键技术研究 [D]. 北京：中国矿业大学，2014.
[15]Kuglin C D. The Phase Correlation Image Alignment Method[C]//Proc. Int. Conference Cybernetics Society, 1975.
[16]De Castro E, Morandi C. Registration of Translated and Rotated Images Using Finite Fourier Transforms[J]. IEEE Computer Society, 1987, 476: 7966.
[17]Reddy B S, Chatterji B N. An FFT-based Technique for Translation, Rotation, and Scale-Invariant Image Registration[J]. IEEE Transactions on Image Processing A Publication of the IEEE Signal Processing Society, 1996, 5(8): 1266.
[18]Keller V Y. A Unified Approach to FFT Based Image Registration[J]. Submitted to the IEEE Trans on Image Processing, 2002: 1-22.
[19]Kandel E R. Principles of Neural Science[M]. New York: Mc Graw-Hill Medical, 2013.
[20]Harris C. A Combined Corner and Edge Detector[J]. Proc Alvey Vision Conf, 1988(3): 147-151.
[21]Smith S M, Brady J M. SUSAN—A New Approach to Low Level Image Processing[J]. International Journal of Computer Vision, 1997, 23(1): 45-78.
[22]Lindeberg T. Edge Detection and Ridge Detection With Automatic Scale Selection[J]. International Journal of Computer Vision, 1998, 30(2):117-156.
[23]Mikolajczyk K, Schmid C. An Affine Invariant Interest Point Detector[C]// European Conference on Computer Vision. Springer-Verlag, 2002: 128-142.
[24]Lowe D G. Object Recognition from Local Scale-Invariant Features[C]. IEEE Conference on Computer Vision, 1999: 1150-1157.
[25]Brown M, Lowe D G. Recognising panoramas[C]. International Conference on

Computer Vision, 2003.

[26]David G L. Distinctive Image Features from Scale-Invariant Keypoints[J]. International Journal of Computer Vision, 2004, 60(2)：91-110.

[27]Bauer J, Sünderhauf N, Protzel P. Comparing Several Implementations of Two Recently Published Feature Detectors[J]. IFAC Proceedings Volumes, 2007, 40(15): 143-148.

[28]Morel J M, Yu G. ASIFT: A New Framework for Fully Affine Invariant Image Comparison[J]. Siam Journal on Imaging Sciences, 2009, 2(2):438-469.

[29] 李长春，齐修东，雷添杰，等 . 基于改进 SURF 算法的无人机遥感影像快速拼接 [J]. 地理与地理信息科学，2013，29（5）:22-25.

[30]Uyttendaele M, Eden A, Skeliski R. Eliminating Ghosting and Exposure Artifacts in Image Mosaics[C]//IEEE Computer Society Conference on Computer Vision & Pattern Recognition. IEEE Computer Society, 2001:509.

[31] 温红艳 . 遥感图像拼接算法研究 [D]. 武汉：华中科技大学，2009.

[32] 潘现甫 . 图像融合技术研究 [D]. 北京：北京理工大学，2016.

[33] 王茜 . 无人机遥感农田全景图像拼接技术研究 [D]. 咸阳：西北农林科技大学，2017.

[34]Reddy B S, Chatterji B N. An FFT-Based Technique for Translation, Rotation, and Scale-Invariant Image Registration[J]. IEEE Transactions on Image Processing A Publication of the IEEE Signal Processing Society, 1996, 5(8): 1266.

[35] 陆一，魏东岩，来奇峰，等 . 一种改进的因子图加权融合算法 [C]// 中国卫星导航学术年会，2016.

[36]Piella G. A General Framework for Multiresolution Image Fusion: from Pixels to Regions[J]. Information Fusion, 2003, 4(4): 259-280.

[37]Burt P J, Adelson E H. The Laplacian Pyramid as a Compact Image Code[J]. IEEE Transactions on Communications, 1983, 31(4): 532-540.

[38]Ranchin T, Wald L. The Wavelet Transform for the Analysis of remotely Sensed Images[J]. International Journal of Remote Sensing, 1993, 14(3): 615-619.

[39] 余美晨，孙玉秋，王超 . 基于拉普拉斯金字塔的图像融合算法研究 [J]. 长

江大学学报（自然科学版），2016，13(34)：21-26.
[40] 冯清枝 . 基于小波融合的视频图像增强方法 [J]. 光电技术应用，2016，31(2)：47-50.
[41] 熊桢，王向军，郑兰芬，等. 基于 GPS 数据的 OMIS 图像航线校正研究［J］. 遥感技术与应用，2000，15(1)：1-5.
[42] 吴新强，周娅，王如意，等 . 基于 POS 的无人机倾斜影像匹配方法 [J]. 国土资源遥感，2016，28(1)：190-196.
[43] 杜丹，潘志斌，于君娜，等 . 带地理信息的无人机遥感图像拼接系统的实现 [J]. 无线电工程，2014(6)：39-42.
[44] 杨振，卢小平，武永斌，等 . 无人机高光谱遥感的水质参数反演与模型构建 [J]. 测绘科学，2020，45(9)：60-64，95.
[45] 余成，唐毅，潘杨，等 . 基于无人机遥感和集成学习的苏州市河流悬浮物浓度反演 [J/OL]. 中国环境科学 :1-16[2023-05-27].https://doi.org/10.19674/j.cnki.issn1000-6923.20230517.005.
[46] 刁超，桑国庆，彭涛等 . 高分一号宽幅覆盖相机数据反演南四湖叶绿素 a 浓度 [J/OL]. 济南大学学报（自然科学版）： 1-7.
[47] 顾佳艳，何国富，占玲骅，等 . 基于高光谱遥感的上海市黑臭水体特征水质指标反演模型构建 [J]. 环境污染与防治，2022，44(8)：1030-1034.
[48] 王云霞，杨国范，林茂森，等 . 基于 landsat 卫星影像的水库水体总磷质量浓度反演研究 [J]. 灌溉排水学报，2017，36(8)：105-109.
[49] 王丽艳，李畅游，孙标 . 基于 MODIS 数据遥感反演呼伦湖水体总磷浓度及富营养化状态评价 [J]. 环境工程学报，2014，8(8)：5527-5534.
[50] 黄宇，陈兴海，刘业林，等 . 基于无人机高光谱成像技术的河湖水质参数反演 [J]. 人民长江，2020，51(3)：205-212.
[51] 李恩 . 基于无人机高光谱的氮磷含量反演方法研究 [D]. 大连：大连海事大学，2020.
[52] 刘俊霞，马毅，李晓敏 . 海岸带水体光学影像图谱特征分析 [J]. 海岸工程，2015，34(1)：35-40.
[53] 李锐 . 基于遥感和 DEM 的典型地貌形态提取研究 [D]. 郑州：解放军信息工程大学，2007.
[54] 蒋金雄 . 内陆水体水质遥感监测 [D]. 北京：北京交通大学，2009.

[55] 赵姝雅 . 基于遥感的白洋淀水质参数反演研究 [D]. 廊坊：北华航天工业学院，2019.

[56] 祝令亚 . 湖泊水质遥感监测与评价方法研究 [D]. 北京：中国科学院研究生院（遥感应用研究所），2006.

[57]Lin P. Mangrove[M]. Beijing: Ocean Press, 1984.

[58]Fan H Q. Mangrove-Environmental Protection Guard at the Coastal Zone[M]. Nanning: Guangxi Science and Technology Press, 2000.

[59]Liao B W, Li M, Chen Y J, et al. Techniques on Restoration and Reconstruction of Mangrove Ecosystem in China[M].Beijing: Science Press, 2010.

[60]Blasco F, Saenger P, Janodet E. Mangroves as Indicators of Coastal Change[J]. Catena, 1996, 27(3-4): 167-178.

[61]Wang Y T. Research on the Health Assessing System of Chinese Mangrove Ecosystems[M]. Beijing: Chinese Academy of Sciences, 2010.

[62]Duke N C, Meynecke J O, Dittmann S, et al. A World Without Mangroves?[J]. Science, 2007, 317(5834): 41.

[63]Liu L, Fan H Q, Li C G. Tide Elevations for Four Mangrove Species Along Western Coast of Guangxi, China[J]. Acta Ecologica Sinica, 2012, 32(3): 690-698.

[64]Giri C, Ochieng E, Tieszen L L, et al. Status and Distribution of Mangrove Forests of the World Using Earth Observation Satellite Data[J]. Global Ecology & Biogeography, 2015, 20(1): 154-159.

[65] 许志方，王双亭，王春阳，等 . 尺度不变特征变换的 UHD185 高光谱影像拼接 [J]. 遥感信息，2017，32(1):95-99.

[66]Kim J I, Kim T, Shin D, et al. Fast and Robust Geometric Correction for Mosaicking UAV Images with Narrow Overlaps[J]. International Journal of Remote Sensing, 2017, 38(8-10): 2557-2576.

[67] 胡庆武，艾明耀，殷万玲，等 . 大旋角无人机影像全自动拼接方法研究 [J]. 计算机工程，2012，38(15)：152-155.

[68] 杨志刚，赵喜春 . 遥感影像解译样本数据的检查方法 [J]. 测绘与空间地理信息，2014，37(6)：195-197, 200.

[69] 肖海燕，曾辉，昝启杰，等 . 基于高光谱数据和专家决策法提取红树林群

落类型信息 [J]. 遥感学报，2007(4): 531-537.
[70] 李想，刘凯，朱远辉，等 . 基于资源三号影像的红树林物种分类研究 [J]. 遥感技术与应用，2018，33(2): 360-369.